新手养花大全

刘宏涛　邢　梅　主编

编委

(按姓氏拼音排序)

蔡　东　楚海家　龚雪琴　韩艳妮　李俊灏

刘宏涛　邢　梅　张　凡　张　京　郑鹏宇

摄影

(按姓氏拼音排序)

蔡　东　楚海家　傅　强　龚雪琴　李奥奥

寥　廓　陆婷婷　吕文君　宋利平　肖显文

邢　梅　张　洁　郑鹏宇

插画

邢　梅

长江出版传媒　湖北科学技术出版社

图书在版编目（CIP）数据

新手养花大全 / 刘宏涛，邢梅主编 . — 武汉：湖北科学技术
出版社，2021.8
ISBN 978-7-5706-1540-7

Ⅰ . ①新… Ⅱ . ①刘… ②邢… Ⅲ . ①花卉－观赏园
艺 Ⅳ . ① S68

中国版本图书馆 CIP 数据核字 (2021) 第 108484 号

新手养花大全
XINSHOUYANGHUADAQUAN

责任编辑：周　婧
封面设计：胡　博
督　　印：刘春尧

出版发行：湖北科学技术出版社
地　　址：武汉市雄楚大街 268 号湖北出版文化城 B 座 13—14 层
电　　话：027-87679468　　　　　　　　　　邮　　编：430070
网　　址：http://www.hbstp.com.cn
印　　刷：武汉市金港彩印有限公司　　　　　　邮　　编：430023
开　　本：787mm×1092mm　　　　1/16　　　13 印张
版　　次：2021 年 8 月第 1 版
印　　次：2021 年 8 月第 1 次印刷
字　　数：250 千字
定　　价：48.00 元

CONTENTS
新手养花大全
目录

养花入门

养花前你需要了解什么

❀ 新手适合养什么花

　　家养花卉可以净化空气、美化环境，更可以陶冶情操、有益身心。但对于新手而言，养花常会面临各种各样的问题。那些在花市看起来非常漂亮的花卉，其实都很难养，非常娇嫩，对于环境和养花技巧皆有要求，不合适的阳光、错误的浇水量、没有控制好的施肥等都有可能会伤害到花卉。那么有哪些植物既有观赏性，管理养护又相对还算粗放，适合新手上手呢？

| 一年生草本花卉 | 二年生草本花卉 | 多年生草本花卉 | 球根花卉 |

| 木本花卉 | 藤本花卉 | 芳香花卉 | 多肉多浆花卉 |

| 水生植物 | 观叶植物 | 观果植物 | …… |

适合新手种养的盆栽花卉推荐

🌸 养花位置有讲究

家养花卉应按其生活习性摆放在合适的位置，这样才能生长得比较旺盛。

① 客厅茶几：盆栽视光线条件而定，可适当配以一定的鲜切花。

② 卫生间内的洗手台或沐浴台：绿萝、狼尾蕨等耐阴观叶植物、水培植物等。

③ 阳台：光线好、通风佳的地方适合种植观花植物、观果植物、小型藤本植物；光线适中处适宜种植铁筷子、非洲凤仙等花卉；光线差、较郁闭处可种植玉簪。

④ 卧室：多浆多肉植物。

家中有些位置不适合摆放盆栽花卉，要么对于植物本身的生长不利，要么对我们自身的健康不利。

①空调：空调处花卉的环境湿度低，容易干燥，叶片易受伤害。

②暖气片：暖气片处温度太高，如果植物离暖气片太近的话，会导致脱水甚至干燥死亡。

③卧室：夜间吸收氧气并释放二氧化碳的植物、香味较为浓重的植物、有毒的植物等都不适合放在卧室，非但不利于睡眠，还会给我们的身体带来伤害。

④阳台：视光线和通风情况而定，强风地区不适合种植吊挂植物。另外南向和东向的阳台不适合种植君子兰。

☀ 光照

光是植物进行光合作用的基本条件，是植物制造有机物质的能量源泉。

光照强度

光照强度主要影响植物的光合作用，对开花植物的花期和品质都有显著的影响。一般而言，植物对光照强度的需求与其生理习性有关。大多数喜阳植物，在光照充足的条件下，植株生长健壮，花多、花大，且开花早；而有些喜阴植物，如玉簪、铃兰、万年青等在光照充足的条件下生长极为不良，在半阴条件下才能健康生长。大部分菊科植物在开花后如进行弱光照处理可以延长花期。光照强度对花色也有影响，因为花青素必须在强光下才能产生，在散光下不易产生，所以紫红色的花也只

有在强光下才能形成。但强光照与弱光照都是有限值的，过高或过低都不利于花卉的生长。

光照时长

光照时长是影响植物花芽分化的重要因素之一。根据植物对光周期的反应，分为 3 种主要类型，即长日照植物（每天日照时间需 12 小时以上才能形成花芽的植物）、短日照植物（每天日照时间少于 12 小时才能形成花芽的植物）和日中性植物（花芽的形成对于日照时间长短要求不严格的植物）。如果在非开花季节，按照植物开花所需的日照时长人为给予处理，就能使之在原来不开花的季节开花。此外，光暗颠倒，也会改变开花时间。在阳台种植植物时，一年四季应

根据植物对于光照的要求适时调整摆放植物的方位，这样才可使其枝繁叶茂。进入夏季后，在光照条件较好的阳台，需要对一些忌强烈光照的植物予以遮阴，如杜鹃、君子兰、兰花等。同时还应根据植物本身的习性，注意光周期的调整，主要采用加光和遮光两种方法调节植物所受光照时间的长短。

🌡 温度

温度是绿色植物生长发育、新陈代谢等生命活动的重要环境条件，植物的光合作用、呼吸作用、光合作用产物的运转都与温度有密切的关系，极端的高温与低温会影响植物正常生长，严重的甚至会导致植株死亡。阳台的各种观赏植物展示于一个特定空间，温度是较为关键的生长要素，不同植物的温度管理需求不同（见表1）。目前阳台温度管理主要有加温与保温、降温等方面。

表1　阳台不同植物的温度管理需求

植物类型	春（℃）	夏（℃）	秋（℃）	冬（℃）
棕榈、热带花果等热带植物	15～30	20～33	18～28	10～25
多浆多肉植物	18～28	28～38	20～30	12～18
兰花类植物	15～25	23～33	17～27	10～20
观叶植物	15～25	23～33	17～27	10～20
奇异类植物	15～25	23～33	17～27	10～20
杜鹃、报春花等高山植物	15～25	22～30	17～27	5～20

加温与保温

加温与保温是我国北方地区植物冬季管理最重要的环节。管理的原则是在保证植物正常越冬的前提下，以最经济的方式保持温室内冬季的温度。北方过冬一般室内有暖气，有些会惠及阳台，但如果阳台并没有安装地暖，则可以定制合适的加热系统，在一天中的特殊时段予以加温。通常秋冬季室外最低温度低于15℃时就可以启动加热系统加温，加温过程中关闭阳台窗户，仅在晴天中午前后打开，透气半小时左右即可；夜间温度保证不低于10℃。

降温

我国大部分地区夏季气候炎热，室外温度大多在30℃以上，由于温室效应，阳台的内部温度也会比较高，因此，必须采取降温手段，以保证阳台植物能够正常越夏。夏季温度超过30℃或湿度低于60%时应注意在环境中喷水雾。温度高于35℃可开启室外降温系统，比如玻璃幕墙淋水。夏季可全天开窗通风降温（下雨、大风等情况除外）。

水分

植株维持正常生长需要消耗较多的水分，通过水分供应进行光合作用积累干物质。植物组织的体积、细胞形态的维持及细胞内物质的合成均需要大量水分参与，因而水分的充足与否直接影响植物的形态和结构，进而影响植物的生长和发育。

水分对植物的蒸腾也至关重要，在植物全生育期内蒸腾散失的水量占总耗水量的 50% ~ 60%。空气湿度越小，叶片内的水分向外扩散的速度越快，蒸腾强度越大；空气湿度越大，蒸腾强度越小。阳台植物水分科学管理包括空气湿度的控制和土壤湿度的调控两方面。

空气湿度的控制

不同的植物对于空气湿度的需求不同，夏季每天可根据空气湿度和天气的阴晴状况采取加湿措施，以增加空气湿度和植株表面的湿度。最常见的加湿方法是细雾加湿。

而降低空气湿度的方法主要有 2 种。

（1）通风换气。自然通风是调节阳台湿度环境的最为简单有效的方法，但是其通风量不容易掌握，室内的湿度并不能达到均匀状态，实际操作中需要根据天气与温度情况选择合适的通风时间与频率。通常晴天要多通风，外界气温高要加大通风量，严寒季节要少通风（中午为宜）；浇水后要勤通风。

（2）降低植物无效蒸腾。植物蒸腾为室内水汽的主要来源，必须通过及时修整枝蔓、摘心打顶、除去枯老叶，以及拔去弱势植株等措施降低植株无效蒸腾。

土壤湿度的调控

土壤湿度调控的目的是满足植物对水分的要求，应根据不同植物种类的生态习性、天气情况和土壤干湿度情况进行适期、适量的浇灌，以保持土壤中有效水分的含量。夏季浇水宜在清晨、傍晚进行，冬季浇水则选在中午进行。浇水要遵循"见干见湿、浇则浇透"的原则。对水分和空气湿度要求较高的种类，应适当进行叶面喷水喷雾。对植物喷水时水雾要保持均匀，并与植物保持一定距离，或调节水流量大小，以保证水的冲击力不会伤害到植物。对由于阳光照射强、介质透水性高、黏性土球难以浇透、冬季加温等原因造成的容易缺水的植物要注意观察，及时补水。

栽培管理要点

 少不了的工具

　　常用的养花工具，主要有园艺剪、浇水壶、喷壶、铲子等。

　　园艺剪（果树剪）：分为有弹簧的和没有弹簧的两类。一般用于花木整形修剪、剪取花木枝条、接穗。

 喷壶：一般指盛水浇花或施液肥的器具，壶状。喷水的部分像莲蓬，有许多小孔。

 浇水壶：盛水浇花的工具。

 铲子：移植实生小苗、换土、松土的工具。

 小耙子：一般用来翻土、松土。

　　另外还会用到花架、盆托等工具。

选对土壤

　　家养植物的栽培基质与常规园艺、园林绿化、农作物种植中的土壤一样，对植物及其根系起到支持和固定作用，并提供植物生长所需的水分、空气及养分等，构成植物根部的微环境。其最基本的要求是疏松、保水保肥的性能好、酸碱度合适。最常见的有泥炭、园土、珍珠岩、蛭石等。

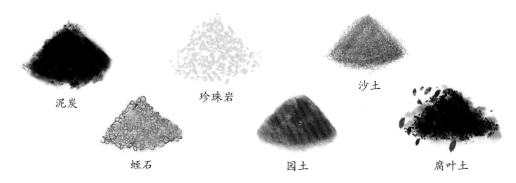

泥炭　　珍珠岩　　沙土

蛭石　　园土　　腐叶土

植株生长状态的好坏往往与根系的发育好坏关系十分密切，而根系的发育又与基质的物理性状有关，其中基质孔隙度又起到主导作用。常用的改善措施有：在天气晴朗时适度疏松基质，疏松的深度和范围依植物种类的不同而定，以不影响根系生长为限；增施有机肥，改善基质的理化性质，增强透气性。注意所使用的有机肥必须充分腐熟，同时最好避开梅雨季节；根据植物习性对局部土壤改良。小部分有特殊需求的植物种类，根据其习性定期更换基质，例如凤梨类植物、兰花类植物、食虫植物等。

选定栽培基质后，消毒是必不可少的一项关键措施。对于家庭养花而言，日光消毒法是一种廉价、安全、使用简便的消毒方法。具体操作方法是将准备好的土壤铺在干净的混凝土地面上或木板上，摊薄均匀，在阳光下曝晒 3 ~ 15 天，可杀死病原孢子、菌丝、虫卵等。

不同植物的基质配置要求不同，建议见表2。

表2　一般家养植物栽培基质建议

植物种类	代表性植物	建议基质
一二年生草本植物	瓜叶菊、蒲包花、三色堇、一串红	50%培养土和50%河沙，或者是50%泥炭、20%河沙和30%树皮屑
球根观花植物	仙客来、大岩桐、球根秋海棠	50%培养土和50%腐叶土，或者是50%泥炭、30%珍珠岩和20%树皮屑
宿根观花植物	香石竹、菊花	疏松、利水基质即可
典型喜湿热植物	棕榈、热带花果	泥炭土、园土、珍珠岩、河沙等混合配制的栽培基质
一般观叶植物	绿萝、龟背竹、喜林芋	40%腐叶土、40%培养土和20%河沙

对于仙人掌、景天等多肉植物，配置基质时应尽量接近原生态环境。疏松透气、排水良好、具有一定团粒结构、能提供植物生长期所需养分的沙壤土为宜，同时避免使用过细、过小的粉尘，通常搭配比例是无机基质∶有机基质 =7∶3。

对于蝴蝶兰、石斛、文心兰、卡特兰等热带兰花类植物，水苔、珍珠岩、火山石、颗粒砖块、颗粒仙土、颗粒泥炭等成为理想的栽培基质。

肥料

土壤中虽有植物可利用的矿质元素，但各种元素在土壤中含量不一，所以对缺少或不足的元素应及时补充。影响肥效的元素通常是含量最少的那一种。增加土壤水分和养分、改良土壤结构、补充某种或某些必要元素，可以达到增强植物长势的目的。一般在植物需肥或是表现缺肥时施肥，多在春、秋两季进行，盛夏高温期停止施肥。施肥的浓度要按照"宁淡勿浓"的原则，最好选用充分腐熟的有机肥，粉碎后加水 8 ~ 10 倍，取清液再稀释 20 ~ 30 倍使用。不能直接施在茎、叶上，施完后应喷 1 次水。追肥时禁用挥发性化肥。

植物施肥的4种基本方法：将小颗粒肥料或缓释肥混合在基质中；将小颗粒肥料或缓释肥覆盖在土壤的表层；应用水溶性肥料与灌水相结合；叶面喷肥。

至于施肥种类，春季可多施氮肥；夏末不宜重施氮肥，否则易促使秋梢生长，冬前易遭冻害；秋季当植株顶端停止生长后，施完全肥，对冬季、春季根部继续生长的多年生植物有促进作用。冬季休眠，短日照下植物吸收力差，应减少或停止施肥。

不同植物施肥要求不同，一般植株矮小、生长旺盛的植物可少施；植株高大、枝叶茂盛、花朵繁多的植物宜多施。追肥施用的时期和次数受花卉生育阶段、气候和土质的影响。苗期、生长期以及花前花后应施追肥；高温多雨时，施肥量宜少但次数宜多。

小贴士

需肥少的植物有文竹、铁线蕨、杜鹃、红掌、卡特兰、石斛兰、栀子花、山茶等，每千克栽培基质建议施复合肥1 ~ 5克；

需肥中量的植物有小苍兰、香豌豆、银莲花等，每千克栽培基质建议施复合肥5 ~ 7克；

需肥多的植物有天竺葵、一品红、非洲紫罗兰、天门冬等，每千克栽培基质建议施复合肥7 ~ 10克。

🪴 花盆

　　我们在选择花盆时，应根据植物种类、植株高矮和栽培目的去选用，常见花盆特点及适用范围见表 3。

表3　常见花盆特点及适用范围

盆器	图	特点及适用范围
瓦盆（泥盆、素烧盆）		一般用黏土烧制而成，有红色和灰色两种，排水透气性能好，价格低廉，规格齐全
木盆		木材通气性、透水性好，因此耐旱耐涝，而且吸热散热快，有利于土壤中养分分解，使花卉发根多、生长旺盛，但要注意木材的防腐和生虫
石盆		石头花盆取自然之形，露本质之色，顺天然之质，具有返璞归真的特性，对土壤温度、湿度保持比较好，有利于花卉根系发育，但透水性差，适于栽植茶花、杜鹃、兰花等花卉
树脂花盆		大多是容量大的花器，土装再多也不重，最适合阳台
金属花盆		有铝制和马口铁制等类型，很古典

3 日常养花必备技能

❀ 选购花卉

选购种子

选购种子时，首先要认真选购品种，看清、问清花卉品种的适应区域、特征特性、栽培要点和注意事项。其次，选择颜色均匀、发育充实、大而重、无明显霉变的种子，这样的种子发芽率高，生长势强。种子买回家后，在播种前要注意将其装在透气性良好的包装袋里，不要装在里层带有塑料袋的包装袋中，要保证种子的正常呼吸。

选购盆栽

购买盆栽时，应首先考虑一下家居环境。若有可以全日照或半日照的区域，可选择鲜艳的草花或一些木本植物栽植；若是室内日照时间较短或只有间接光照，则选择耐阴植物。浇水不便的地方，应选择较耐旱、强健的植物。若考虑在屋顶、阳台栽植，除了考虑日照的因素，也应考虑风向。有强风的地点，就要选择较耐风的植物。再者，购买时应仔细观察盆栽是不是"老土老盆"，如果是新近移栽的，那么植物的根系还没有完全适应新的环境，就不易成活。

如何区分好苗和不好的苗

上盆

当播种的花卉长出四五片嫩叶或者扦插的小苗已生根时，应及时移栽到大小合适的花盆中，这个移植的过程叫作上盆。幼苗上盆时间根据实际条件而定。新播种的花苗，最好在成株时上盆；大多数宿根花卉，应在幼芽刚萌动时上盆；木本植物花苗一般在花木休眠或刚萌发时上盆，否则会影响其正常生长发育，那样就需要较长时间才能复壮；而对于扦插繁殖苗，待生根后就应及时分苗上盆。

上盆流程示意图

换盆

随着阳台种养的植株逐渐长大，需要将其由小盆移到较大的盆中，这个过程叫作换盆，也叫翻盆。当发现有根自排水孔伸出或自边缘向上生长时，说明需要换盆了。一般来说，大多数花卉适合的换盆操作时间是在休眠期或早春新芽萌动前。如果是早春开花的植物，应等其开花后再换盆。

换盆流程示意图

修剪整形

修剪整形的主要目的是使植株健壮，使植物形状、空间、层次更为明显，减少营养消耗和病虫害。由于家居环境的特殊性，其植物修剪整形与常规的园林绿化修剪整形有一定区别：一是植物种类的不同，几乎不涉及高大乔木、灌木的修剪整形；二是光照条件的不同，有些阳台光照条件不足，易出现徒长现象，如南方喜栽叶子花，生长非常迅速，几乎每周都要进行修剪。对生长速度比较快的植物进行适当修剪控制，防止其过度生长，对开花结果也有促进作用，还能增加其周边植物的生长空间和微空间内的景观协调性。

修剪的方式主要有以下4种。

（1）摘心。摘心可促使植物发生更多的侧枝，这是针对有些植物的分枝性不强，或花着生枝顶，分枝少开花也少的现象所采取的措施。摘心也可调节开花的时期。有些花卉一株一花或一花序，或者花序摘心后花朵变小，均不宜摘心；其他植物种类如球根植物、攀缘性植物、兰科植物以及植株矮小、分枝性强的花卉最好不要摘心。

（2）修枝。剪除枯枝、弱枝、病虫枝、徒长枝、过密枝，以利于植株健壮生长。

重剪：枝条基本都剪掉，留下树桩和几根主要枝条。一般在改变造型的情况下使用。

中剪：比重剪要轻些，只把一些枯枝、不需要的枝条剪掉，生长部位好的枝条只是短截，整个植物株型并不改变太多。中剪一般在成型的植株上使用。

轻剪：只把一些弱枝条剪短，病枯枝条剪掉，健康枝条稍微剪短，一般在小苗、灌木上使用，尽量多保存一些枝条形成株势，以便光合作用。

回缩：把所有枝条剪短，使株型与春天时差不多，以腾出空间让植株生长、开花。

（3）抹芽。有些芽过于繁密，有些芽方向不当，所以此时需要将多余的芽全部除去。抹芽的时机应尽早，于芽开始膨大时除去，以免消耗营养。有些花卉如芍药、菊花等仅须保留中心1个花蕾，其他花芽可全部摘除。抹芽是与摘心有相反作用的一种修剪方式。

（4）疏花疏果。开花结果需要消耗植物大量的养分，有时去除一部分过多的花和幼果，可以调节营养生长与生殖生长之间的关系，使幼龄花木得以生长，获取植株的优质花朵、果品和持续的观赏性，如芍药、菊花、月季等。

防治病虫害

阳台种养植物主要有病害和虫害两种，一般的防治措施是定期修剪，加强通风，降低空气湿度，以及施用化学药剂进行预防。

常见病害

黄叶病

阳台植物最容易发生的一种生理性病害，发病时，叶色由绿变黄，甚至脱落。

 水分

浇水过量： 嫩叶发黄无光泽，老叶则无明显变化，根细小，新梢萎缩不长，应节制浇水。

缺水或浇水偏少： 老叶自下而上枯黄脱落，但新叶一般生长正常，应适当加大浇水量，增加浇水次数。

 肥料

施肥过量： 新叶尖出现干褐色，老叶尖干焦枯黄，甚至整叶脱落，一般叶面虽然肥厚有光泽，但大都凹凸不平，应停止施肥。

缺肥： 长年未施肥则应薄肥勤施，盆小根结引起的则换盆。

 光照

喜阴湿的阳台植物，如吊兰、万年青、一叶兰、玉簪、竹芋等，若被强烈阳光直射，叶片常出现黄尖，置于阴处即可。

温度

在寒冷的冬季，如室内温度低，有些怕冷的花卉（如白兰、广东万年青、一品红）叶子会变黄、脱落。还有些植物（如倒挂金钟、杜鹃）在闷热潮湿的环境中有黄叶的现象，要注意通风和降温。

pH 酸碱度

喜酸性土的花卉，如杜鹃、栀子花、山茶等，如盆土或水质偏碱,常引起叶片由绿转黄，可用0.2%～0.5% 的硫酸亚铁水溶液喷施。

白粉病

植物叶片、嫩梢上布满白色粉层，白粉是病原菌的菌丝及分生孢子。发病严重时病叶皱缩不平，叶片向外卷曲，枯死早落，嫩梢向下弯曲或枯死。

对策： 遇此病须及时清除病源，清扫落叶残体并烧毁。不用有白粉病的母株扦插、分株。发病初期用25%粉锈宁2000倍液，或45%敌唑铜2500～3000倍液，或64%杀毒矾500倍液，或70%甲基托布津1000倍液防治。隔7～10天喷药1次，刚发生时，也可用小苏打500倍液，隔3天喷1次，连喷五六次。

锈病

植物茎干的表皮上出现大块锈褐色病斑，并从茎基部向上扩展，严重时茎部布满病斑。

对策： 可结合修剪，将病枝剪除，重新萌发新枝。

赤霉病

多肉植物的主要病害，常危害具块茎类植物。从根部伤口侵入，导致块茎出现赤褐色病斑，几天后腐烂死亡。

对策： 栽植前用70%托布津可湿性粉剂1000倍液喷洒预防，待晾干后涂敷硫磺粉消毒。

炭疽病

这是一种真菌性病害。发病初期叶片出现褐色小斑块，后扩展成圆形或椭圆形。病斑渐变干枯，严重时整株受侵。

对策： 遇此病害，可开窗通风，降低室内空气湿度。再用70%甲基硫菌灵可湿性粉剂1000倍液喷洒，或者喷洒70%甲基托布津1000倍液，60%的炭疽福美、多菌灵等，防止病害继续蔓延。

黑斑病

植物叶片上出现黑斑，通常是圆形，接着叶片会枯萎或者化水，轻轻一碰就掉落，慢慢地所有叶片都开始长黑斑，直至生长点，然后整株死亡。

对策： 未消毒杀菌的土壤不要使用，种植环境注意通风，基质切忌长期潮湿。常规的多菌灵、百菌清都能治疗。

黑腐病

好发于多肉植物，浇水过多或环境过于潮湿引起的真菌感染或是栽培基质不透气。

对策： 切除腐烂的部位，将植株放在通风处，等伤口干燥愈合。

常见病害

介壳虫

此虫易危害叶片排列紧凑的龙舌兰属、十二卷属等多肉植物，主要吸食其茎叶汁液，导致位株生长不良，严重时出现枯萎死亡。

对策： 若数量少时，可用毛刷驱除。若数量多时，可用敌敌畏800~1500倍液喷杀。

粉虱

大戟科的彩云阁、虎刺梅、玉麒麟、帝锦等灌木状多肉植物易受其害。在植物叶背刺吸汁液，造成叶片发黄、脱落，同时诱发煤污病，使茎叶上产生大片难看的黑粉。

对策： 除了改善环境通风，还可以喷药2天后再用强力水流将死虫连同黑粉一起冲刷掉。药剂可选用2.5%溴氰菊酯、10%二氯苯醚菊酯或20%速灭杀丁2500~3000倍液。

蚜虫

蚜虫是危害花卉最常见的一类害虫。它的危害部位，大多在嫩茎、嫩叶和花蕾上，且多在叶片反面，引起叶片变色、皱缩、卷曲，形成虫瘿等。严重时造成枝叶枯萎，甚至全株死亡。蚜虫的排泄物还易引起煤烟病。

对策： 一定要定期清除盆内各种杂草，防止蚜虫生长传播。或将草木灰100倍液浇到根部土壤中，对花卉蚜虫有一定的杀伤作用。但当蚜虫大量发生时，可用50%抗蚜威可湿性粉剂3000倍液、2.5%溴氰菊酯乳剂3000倍液或40%吡虫啉水溶剂1500~2000倍液等喷洒一两次。

红蜘蛛

红蜘蛛在高温下生长最旺，常在植物体上拉丝结网，使叶片出现黄色、白色斑点。往往初期不易发现，待叶片枯萎脱落时已不易挽救。在危害仙人球时，会使整个球体萎缩发黄，直至死亡。

对策： 防治红蜘蛛，平时就应多注意观察叶背，及时摘除虫叶；发现较多叶片发生虫害时，应及早喷药，常用的有克螨特、三氯杀螨醇、乐果、花虫净、速灭杀丁等。可利用家庭养花所备花卉喷雾器加药后摇匀，随即喷洒，喷药要求均匀、周到，尤其要注意对准叶背喷。

📋 繁殖

有性繁殖

有性繁殖也称"播种繁殖"，多在春季和秋季进行，也可自行调节室内的温度和湿度进行育苗。

播种繁殖　宜在 2—4 月或 8—10 月播种，步骤如下。

② 铺上培养土，将种子均匀撒入土中，播种密度依种子和花盆尺寸有所不同。

④ 喷水或将花盆浸入大一些的水盘，使水从盆孔渗入土中。比如杜鹃花种子很小、很轻，喷水操作时种子易冲出，宜用后者。

① 准备适合植株的花盆，铺上便于花盆排水的物品，例如金属网、碎瓦片、细卵石等。

③ 覆土。有些种子轻压入土壤即可。

无性繁殖

无性繁殖主要有扦插繁殖、分株繁殖、压条繁殖、嫁接繁殖等。

扦插繁殖　根据植物生长习性的不同，扦插的季节也不同，一般选取生长健壮的枝、根、叶、芽等进行扦插，利用其再生能力形成新植株。下面步骤以枝插为例。

③ 浇透水，置于阴棚或半阴处，勤喷雾，等待生根。

② 用镊子轻夹插穗，将其插入沙土中，深度因植物而异。

① 选取健壮的植物枝条作插穗，除去下半部叶片，必要时在切口涂生长促进剂。

④ 插穗生根，待根长到一定长度时上盆定植。

分株繁殖 分株繁殖是把植株的蘗芽、球茎、根茎、匍匐茎等从母株上分割下来，另行栽植为独立新植株的方法，一般适用于宿根花卉或丛生性强的观赏性灌木。方法步骤如下。

① 用手托住盆底，倒扣，轻轻将植株取出。　② 找到合适的分割点，将植株分开。　③ 重新选择大小适宜的花盆，分别将其栽种起来。　④ 根据植株特性养护即可。

压条繁殖 压条繁殖又分为普通压条和空中压条。普通压条是将茎蔓直接接触盆土进行压条，生根后上盆分栽。适用的花卉有迎春、茉莉、常春藤、凌霄等。空中压条是划伤枝条，将培养土包在伤处令其生根后再上盆分栽。

① 将近地面的枝条或茎蔓刻伤后压入土壤中，用木条或金属丝固定好。　② 保持土壤湿润，促使压条处生根。　③ 生根后将植物之间的枝节剪断，之后上盆分栽。

嫁接繁殖 嫁接繁殖是将植物的枝或芽嫁接到其他植物体上的繁殖方法。用于嫁接的枝条称作"接穗"，所用的芽称作"接芽"，被嫁接的植株称作"砧木"。嫁接成功的苗木可称为"嫁接苗"。一些木本花卉多用此方法繁殖，如梅花、月季、山茶等。下面步骤以枝接为例。

① 选取健康接穗，并将其接口削成楔形。　② 将接穗插入砧木切口，使二者紧密贴合。　③ 在砧木和接穗结合部缠上防水材料，用绳子捆紧即可。

第二章将根据不同的生活型和观赏部位为你推荐新手适合种养的植物，不仅有齐全的传统养花植物种类，也涵盖了近几年较为新兴的观赏草和观赏竹等种养类型。从形态、习性、种养、要诀、解疑等版块介绍植物的基础知识和栽植要点，附带的全年栽培日历能够让你清晰明了每月的栽培任务，更好地认识、选择并栽培好自己喜爱的花卉。以下为栽培日历中的图例说明。

播种		分株		疏叶	
扦插		修剪/疏果		更新	
换盆/上盆		除草/中耕/翻耕		根茎繁殖/扦插	
摘心		分球		排灌	
观赏		起球		造型	
定植		球茎繁殖		不定芽繁殖	
开花		休眠		笋期	
收获		嫁接		换土	
施肥		遮阴		野外取材	
结果		压条		防寒防冻	
浇水		牵引		增湿	
病虫害/ 病害/虫害		选购			

适合新手种植的植物

Coleus scutellarioides

1. 彩叶草

- 学名　五彩苏
- 别名　洋紫苏、锦紫苏、鞘蕊花
- 科属　唇形科，鞘蕊花属
- 产地　亚洲、澳大利亚、南太平洋的
　　　　热带及亚热带地区

形　态　多年生宿根草本植物，在我国多作为一二年生观叶草本植物栽培；叶通常呈卵圆形，边缘有圆齿，有黄色、暗红色、紫色及绿色等颜色；轮伞花序，花萼钟形，花冠呈淡紫色、蓝色。

习　性　彩叶草喜阳光充足和温暖的气候环境，不耐寒，适宜的生长温度为20℃左右，室温低于10℃就会生长不良，低于5℃则会产生冷害。叶片大而薄，不耐干旱，土壤干燥会导致叶面色泽暗淡。喜生于腐殖质含量丰富、排水良好的沙壤土。

种养 Point

彩叶草多为扦插繁殖和播种繁殖。

除7—8月高温时节不容易生根，其他季节均可扦插，但以5—6月最为理想。

播种应于2—3月在室内进行，盆播选用细沙土最好，大约10天就可出苗。

春季管理　盆栽用腐叶土、泥炭土加1/4河沙和少量基肥配制成栽培基质。每年春季换盆1次。也可等扦插完毕直接将老植株丢掉，就不用换盆。要保持盆土湿润，提高周围的空气湿度。彩叶草喜肥，生长期较长，每周要追施1次含氮、磷、钾的液肥。如果氮肥施用过多，则叶色会变淡，影响观赏效果。

夏季管理　夏季是其生长旺盛时期，植株需水量较多，盆土稍干便会出现叶片凋萎现象。盆土不可干燥，可以经常向叶面喷水，提高周围的空气湿度。还可实行根外追肥，用0.1%的尿素溶液和0.1%的磷酸二氢钾溶液交替喷洒叶面。

秋季管理　秋季要继续多浇水，每周追施1次含氮、磷、钾的液肥。生长期要求光照充分，这样可以使叶色更加艳丽，长期荫蔽，叶色会变淡。要适时摘心，植株长至三四个枝杈时，就应将主枝摘心，促使多分枝，增大冠径，摘心后施含氮、磷、钾的液肥1次。

冬季管理　冬季天冷，要将彩叶草放置在温室越冬，否则植株会死亡。要少浇水，不能施肥。

要诀 Point

❶ 栽培土壤要求通透性良好，忌积涝，否则容易引起根系腐烂而倒苗。

❷ 生长期要保证充足的日照以使叶片亮丽，但在夏季须适当给予遮阴。

❸ 宜勤浇水，尤其在夏季，勿使栽培土壤干燥，以保持叶色鲜艳。

栽培 日历

季节	月份	播种	扦插	换盆	摘心	观赏
春	3	🌱		▽		👁
	4			▽		👁
	5		⬇	▽		👁
夏	6		⬇			👁
	7					👁
	8					👁
秋	9				⬇	👁
	10				⬇	👁
	11				⬇	👁
冬	12					
	1					室内观赏
	2	🌱				

Terenaya hassleriana

2. 醉蝶花

- 别　名　蝴蝶梅、醉蝴蝶、西洋白花菜
- 科　属　白花菜科，醉蝶花属
- 产　地　南美洲热带地区

形　态　一年生草本植物；高1～1.5米，全株被黏质腺毛；具5～7片小叶的掌状复叶；花瓣呈粉红色，少见白色；花期夏末秋初，果期夏末秋初，是一种优良的蜜源植物。

习　性　醉蝶花性喜温暖、好阳光，适合在通风向阳处生长。喜肥沃、排水良好的沙壤土，不耐寒，种子有自播性。

种养 Point

醉蝶花为直根系植物，须根少，移栽后难以复壮，因此宜直播，或用营养袋育苗，栽培用地要深耕。苗高15厘米左右即可定植，通过逐渐间苗，使定植用苗的间距达到30厘米。

分栽和移植后应细心管理，及时浇水、防风、防晒。待移栽恢复后，要保持土壤干湿适度，及时中耕保墒。

春季管理　于3月下旬至4月中旬播种于露地苗床。若需要提早开花，可在2—3月温室盆播。

夏季管理　浇水最好在落日后或早晨进行，叶片上每日须喷水2次，除移植时施用基肥外，开花期可再施稀薄的腐熟饼肥1次或2次。醉蝶花植株分枝少，不宜摘心。

秋季管理　8—9月醉蝶花的种子成熟后易纵向分裂而散落，应及时采种。秋季也可进行播种，冬季、次年春季可于室内开花。

冬季管理　不必天天浇水，保持盆土或园土湿润即可。

施　肥　醉蝶花应施有机基肥，成苗后的追肥应以少施、勤施为原则，半个月追1次即可。要控制施用氮肥，适当增施磷肥、钾肥，促进植株开花结果，使花色更加鲜艳。

栽培 日历

季节	月份	播种	定植	浇水	施肥	开花	收获
春	3	🌱					
春	4	🌱		淋水	淡肥勤施，量少次多		
春	5						
夏	6		🌿	早晚浇透2次水	施薄肥1次		
夏	7				控肥		
夏	8				追肥2次或3次	🌸	🧑
秋	9					🌸	🧑
秋	10			见干见湿			
秋	11						
冬	12			保持盆土湿润			
冬	1						
冬	2						

Tips: 醉蝶花一花多色，花瓣似翩翩飞舞的蝴蝶，所散发的芬芳常令飞蝶陶醉，颇为迷人。花朵开放时，花瓣慢慢张开，"长爪"由弯曲到从花朵里弹出，让人惊叹不已。醉蝶花常在傍晚开放，第二天白天就凋谢，可谓"夏夜之花"，短暂的生命给人虚幻无常的感觉。建议你在庭院种养时，于窗前屋后布置；若你拥有私家花园，则可在花坛、花境中，路缘、林缘成片栽植。这样的布置方式会让你的庭院充满浪漫的气息。

在你观察醉蝶花的花朵绽放时，是否发现这样的规律：花序上的花蕾由内而外次第开放；花色变化顺序为"淡白—粉红—紫红—粉白"。你可以记录下花色变化的顺序与朋友们分享。

Quamoclit pennata

3. 茑萝

- 学名　茑萝松
- 别名　五角星花、游龙花
- 科属　旋花科，茑萝属
- 产地　南美洲国家及墨西哥等地

形　态　一年生蔓性草本植物；叶呈卵形或长圆形，羽状深裂至中脉；花序腋生，由少数花组成聚伞花序，花冠呈高脚碟状，长2.5厘米以上，深红色；蒴果为卵形，种子为卵状长圆形。

习　性　喜阳光充足的温暖环境，不耐寒，对土壤要求不高，但在肥沃、排水良好的土壤中生长得更好。

种养 Point

春季管理　繁殖茑萝用播种法，可在露地苗床播种育苗，或者刨穴直播，也能自播繁殖。

在露地苗床育苗是采用条播法。播种后覆一层薄土，浇足水，1周左右可发芽。待幼苗长出三四片叶时，进行移栽定植。移栽时须带土团，以利成活。

直播是按20～25厘米的间隔刨穴点播。播种前，先浸种一昼夜。播种时，穴内浇水，待水渗透后，每穴播入三四粒种子，再覆土2～3厘米。在小苗出土后，进行间苗，每穴留一株壮苗。

栽植初期植物生长较慢，须注意浇水施肥。

夏季管理　定植或间苗后，应立即设立支架，并注意牵引其上架，保护顶芽，使其任意蔓生缠绕。在苗高达到50厘米以上时，开始追肥，适当浇水，但施肥和浇水量不宜过大，以免造成茎叶徒长而延迟开花。要随时注意给盆栽苗追施液态肥料。7月进入花期后要注意排水。

秋季管理　其种子的成熟期不一，成熟后易开裂，并有自播的习性，故应注意随时采收。

要诀 Point

❶ 栽培过程中要进行两三次摘心作业，促发分枝增抽花穗。

❷ 夏季要适当遮阴，忌施追肥，确保枝叶繁茂。

❸ 摘心后经过约45天，可抽穗开花。调节花期时，要注意控制最后一次摘心的时间。

栽培 日历

季节	月份	播种	定植	开花	收获	施肥
春	3					
	4	✿		✿		▨
	5					▨
夏	6		✦			▨
	7			✿		▨
	8			✿		
秋	9			✿	✦	
	10				✦	
	11				✦	
冬	12					
	1					
	2					

Tips: 在《真水无香》中作者舒婷对茑萝有这样的描述："茑萝是南方娇宠溺爱的小公主，吮吸着月色长大。它那细裂的羽叶，鸟翎一样旋转着小舞步，一次比一次更接近星空。缱绻敏感的触须有如不懈的纤指，伸向苍茫，能接到几点流星雨吗！"

亲爱的读者，在你种植茑萝的过程中，对于可人的"它"有什么要说的吗？

Helianthus annuus

4. 向日葵

- 别名　观赏向日葵、大菊
- 科属　菊科，向日葵属
- 产地　北美洲

形　态　一年生高大草本植物；茎高达3米，被白色粗硬毛；叶互生，呈心状卵圆形或卵圆形；头状花序极大，直径10～30厘米，单生于茎端或枝端，常下倾；瘦果呈倒卵圆形或卵状长圆形，长1～1.5厘米，常被白色柔毛；花期7—9月，果期8—9月。

习　性　向日葵喜阳光充足的温暖环境，不耐寒、不耐阴，要求栽培土的土层深厚、肥沃。花朵朝向随日照方向的变化而改变，始终朝向太阳。种子发芽至开花的整个生长期为50～70天。

种养 Point

春季管理　向日葵为直根系植物，喜水肥，不耐移栽，宜直播育苗。春播时间在清明前后，种前可施一些农家肥、草木灰作底肥。在生长期，要追施3次或4次液态有机肥，同时可叶面喷施浓度为0.2%～0.4%的磷酸二氢钾溶液。但要控制氮肥的施用量，若过多施用氮肥，会导致植株徒长，影响开花质量。栽培过程中无须摘心，栽培场地必须接受日光直射。

夏季管理　向日葵在开花期间如遇阴雨多风天气，不利于昆虫传粉，可进行人工辅助授粉。从花盘形成到开花是向日葵的旺盛生长期，需要的养分多，期间的需水量也最多，如果雨水不足，要设法对其灌溉，以满足需水要求。

秋季管理　向日葵收获过早会造成种子不成熟，采收晚时易受鸟害，或遇风引起落粒，遇雨发霉。其成熟的标志是茎秆变黄，叶片大部分枯黄、脱落，花盘背面呈黄褐色，皮壳变坚硬。此时应及时收获。

要诀 Point

❶ 向日葵为直根系植物，不耐移栽，宜直播育苗。

❷ 栽培过程中无须摘心。

❸ 栽培场地必须接受日光直射。

栽培 日历

季节	月份	播种	水肥	观赏	收获
春	3	 〰	少量		
	4	 〰			
	5		高峰	 👁	
	6			👁	
夏	7				 ✂
	8				
秋	9				
	10				
	11				
冬	12				
	1				
	2				

Tips: 向日葵具有向光性，会随太阳回绕，因此它的花语是"太阳"。在庭院种养向日葵，随之向往光明，心情也会变爽朗哦！

Mirabilis jalapa

5. 紫茉莉

- 别名　粉豆花、夜娇娇、夜饭花
- 科属　紫茉莉科，紫茉莉属
- 产地　热带美洲地区

形　态　一年生草本植物；高1米，茎多分枝，节稍肿大；叶呈卵形或卵状三角形，先端渐尖，基部平截或心形，全缘；花常数朵簇生枝顶，总苞钟形，5裂，花被紫红色、黄色或杂色，午后开放，有香气，次日午前凋萎；瘦果呈球形，黑色，革质，具皱纹；种子胚乳白粉质。

习　性　紫茉莉的生长适应性强，喜阳光充足的温暖环境，不耐寒，在肥沃、深厚的土壤中生长最佳。下午4点至傍晚开花，有清香味。从播种至开花需90～110天。

种养 Point

盆栽的植株需要摘心，以使株型矮

化。紫茉莉的栽培管理比较粗放，栽植前若施足基肥，后面甚至可以不施追肥。

春季管理　由于紫茉莉是直根系植物，不耐移栽，宜直播。4—5月，将种子点播于露地，每穴放一两粒种子，覆土要略厚，约1周后萌芽。待幼苗长至两三片叶时，按株距40厘米间苗，或取幼苗上盆定株。紫茉莉能自播繁殖。

夏季管理　生长期可以不施或少施追肥，尤其不要施用氮肥，以免造成茎叶徒长而影响开花。夏季高温期间，要注意灌溉抗旱，花期注意雨后排水。

秋季管理　紫茉莉性喜高温，入秋后室外气温夜间降至8℃时移入室内，白天移回阳台，10～15天后固定于室内光照充足处，室温不低于15℃时仍继续开花。果实成熟后会自然脱落，应在果实变黑且尚未干硬前采收。紫茉莉具有宿根性，遇霜寒会倒苗。

冬季管理 11—12月进入休眠期，移至阳台下方或室内任何地方，剪除地上部分，保持盆土不过干。我国北方地区的紫茉莉落叶后可剪除地上部分，挖起根团，放置在地窖内越冬，翌年春季再栽入地中。

要诀 Point

❶ 紫茉莉为直根系植物，宜直播育苗。

❷ 施足基肥，可以不施追肥。

❸ 紫茉莉具有宿根性。在寒冬腊月，地上部分倒苗，地下块根可以越冬，翌年仍能萌芽、生长、开花。

栽培 日历

季节	月份	播种	扦插	开花	结果	浇水	施肥	病虫害	观赏
春	3	●							
	4	●							
	5	●				●	●		
夏	6		●	●		●	●	●	●
	7		●	●		●	●	●	●
	8		●	●	●	●	●	●	●
秋	9			●	●	●	●		●
	10			●	●				●
	11		●		●				●
冬	12								
	1								
	2								

Glandularia hybrida

6. 美女樱

- **别名** 美人樱、草五色梅、铺地锦、四季绣球
- **科属** 马鞭草科，马鞭草属
- **产地** 南美洲巴西、秘鲁、乌拉圭等地

形 态 多年生草本植物，但通常作为一二年生草本植物来栽培；全株有细绒毛，植株丛生且铺覆地面，株高10～50厘米，茎四棱；叶对生，深绿色；穗状花序顶生，呈伞房状，花小而密集，有白色、粉色、红色、复色等，具芳香。

习 性 美女樱喜温暖湿润的环境，较耐寒而不耐旱，对土壤要求不高，但疏松、肥沃、排水良好的中性及微碱性沙壤土最为理想。

种养 Point

美女樱以种子繁殖为主，亦可扦插。

采用种子繁殖，既可在4月下旬进行春播，也可以在9月中旬进行秋播。由于种子发芽较慢，且不整齐，为提高发芽率，播种前须浸种半天，并在5℃条件下冷藏10天左右。播种后，须覆土，覆土厚度为种子直径的2～3倍，浇水使土壤保持湿润。20～25℃条件下，2周后可出苗。

扦插繁殖需要在气温达到15℃以上时才能进行。一般在5—6月选取稍硬化的新枝条，剪成6～8厘米的插穗，插于沙床或露地苗床中。扦插后喷透水，遮阴2～3天，10天左右可以生根。

美女樱的抗逆性较强，耐粗放管理。幼苗长至两三片叶时，在苗床上移栽1次，再长到四五片叶时，分苗定植。在培养土中须施适量基肥。定植成活半个月后，每隔10天还应追施1次低浓度液态肥，直至开花之前。

浇 水 因美女樱根系较浅，夏季应该注意浇水，防止干旱。养护期水分过多或者过少都不利于生长，水分过多，茎细弱徒长，开花量减少；缺水，植株生长发育不良，会有提早结实的现象。

修 剪 幼苗长至6～8厘米高时，摘心，以促分枝，丰满株型，增加花枝。开花期间，陆续剪去残花，能使花期延长。

病虫害 生长健壮的植株，抗病虫能力较强，很少有病虫害发生。

要诀 Point

❶ 生长期追肥，宜少量多次。

❷ 不耐干旱，要经常保持土壤湿润，尤其在夏季要加强抗旱。

❸ 比较耐寒，冬季稍加保护就能越冬。

栽培 日历

季节	月份	播种	扦插	分株	定植	开花	结果	浇水	施肥	修剪	病虫害	观赏
春	3	✓	✓	✓					✓			
	4	✓	✓	✓					✓			
	5		✓		✓	✓		✓	✓	✓		✓
夏	6		✓		✓	✓		✓	✓	✓	✓	✓
	7		✓		✓	✓		✓	✓		✓	✓
	8		✓			✓		✓	✓	✓	✓	
	9	✓	✓			✓	✓	✓	✓	✓	✓	✓
秋	10	✓	✓			✓	✓	✓				✓
	11		✓									✓
	12		✓									
冬	1		✓									
	2		✓									

Tips: 美女樱花色较多，茎杆矮壮，呈匍匐状，为良好的地被材料，可用于花坛、花境。多色混种可显其五彩缤纷，单色种植可形成色块。

Oenothera biennis

7. 月见草

- 别名　月见香、山芝麻、线叶月见草
- 科属　柳叶菜科，月见草属
- 产地　南美洲的智利及阿根廷

形　态　二年生直立草本植物，在我国北方地区为一年生植物；茎高达2米，被曲柔毛与伸展长毛；基生莲座叶丛紧贴地面；穗状花序，不分枝，花瓣黄色，宽倒卵形，长2.5～3厘米；蒴果，长2～3.5厘米，绿色；种子在果中呈水平排列，暗褐色，棱形，长1～1.5毫米；花果期6—9月。

习　性　月见草适应性强，喜光照。耐酸，耐旱，耐贫瘠，对土壤要求不严，中性、微碱性或微酸性土均可种植，在排水良好、疏松的土壤中生长为宜，土壤太湿则根部易得病。

种养 Point

月见草以种子繁殖为主，也可扦插繁殖。

春、秋两季均可播种，一般播于露地苗床，但北方地区在温室或冷床播种也可。播种后覆土，或不覆土用草遮盖，浇水，并保持土壤湿润，约1周后发芽。待幼苗长出4片真叶时移栽，于苗高10厘米时定植。

定植株距30～40厘米。定植后浇水，在生长期要勤施肥，每隔20天追施1次液态肥。

插穗生根的最适温度为18～25℃，低于18℃，插穗生根困难、缓慢；高于25℃，插穗的剪口容易受到病菌侵染而腐烂。扦插后遇到低温，用薄膜把花盆包起来；扦插后温度太高，则要给插穗遮阴。扦插后必须保持空气的相对湿度在75%～85%，可以通过给插穗进行喷雾来增加湿度，但不可过度。

水肥管理 夏季管理中要注意排水。如果水肥管理恰当，由夏季到秋季可以一直开花不断。为有效控制花期，花凋谢之后剪去花枝，加强灌溉施肥，促使其萌芽抽枝，约在9月可以再次花朵盛开。

修　剪 在北方地区，冬季要剪去地上部分的枝条，覆盖10～15厘米厚的马粪，再在其上覆土，如此防寒越冬，至翌年6月可再次开花。

病虫害 月见草易生腐烂病，可用1%的石灰水、50%的托布津1500倍液或75%的百菌清1000倍液浇灌。

要诀 Point

❶ 喜肥水，在生长期要加强水肥管理。

❷ 由于是傍晚至翌日清晨开花，要注意与白天开花的种类做适当搭配。

栽培 日历

季节	月份	播种	定植	开花	结果	浇水	施肥	除草	病虫害	观赏
春	3	✓								
	4	✓								
	5					🔥	📖			
夏	6			❀	🍎				🦐	
	7		⚘	❀	🍎	🔥	📖	🔧	🦐	👁
	8		⚘	❀	🍎	🔥	📖	🔧	🦐	👁
秋	9	✓		❀	🍎	🔥	📖			👁
	10	✓								👁
	11									
冬	12									
	1									
	2									

Tips: 月见草抽茎后怕涝，切忌过量浇水。

Calceolaria crenatiflora

8. 蒲包花

- **别名** 荷包花、拖鞋草、猴子花
- **科属** 荷包花科，荷包花属
- **产地** 北美洲墨西哥，南美洲秘鲁、智利一带山区

形 态 多年生草本植物，多作一年生植物栽培；株高20～70厘米，茎、枝、叶上有细小茸毛，叶片卵形对生；花形别致，花冠二唇状，上唇瓣直立较小，下唇瓣膨大似蒲包状，中间形成空室，柱头着生在两个囊状物之间；花色变化丰富，单色品种有黄色、白色、红色等深浅不同的花色，复色品种则在各底色上着生橙色、粉色、褐红色等斑点；蒴果；花期2—5月，果期6—7月。

习 性 不耐寒，怕暑热，一般在盛夏到来之前完成结实阶段后枯死。要求温暖湿润且通风良好的环境条件，室温保持在7～15℃，对土壤要求比较严格，以富含腐殖质的沙壤土为宜。

种养 Point

蒲包花以种子繁殖为主。秋季播种，在温室越冬生长，翌年春季开花。播种期应选择在8月下旬或9月上旬。蒲包花的种子十分细小，宜采用浸盆法播种。

土 壤 栽培用的培养土，一般用腐叶土、壤土及河沙按5：3：2的比例混合配制，并掺入少量珍珠岩以增强土壤的通气性。

温 度 蒲包花性喜冷凉，生长适温在10℃左右。如果生长期茎叶发育繁茂，而盆土湿度过大，加上闷热，会使植株茎部烂叶。为降低温度，中午常采取遮阴措施，创造通风凉爽的环境。特别是春季开花后到6月种子成熟，更要做好通风工作，并于中午遮阴，利于种子发育成熟。

浇水 在生长过程中，要保持较高的空气湿度，浇水要依盆土干湿度状况而定，一般见盆土表面干则浇，浇则浇透。

施肥 蒲包花忌施大肥。在生长期，一般每隔10天追施1次稀薄液肥。现蕾后即停止施肥。

病虫害 在蒲包花的幼苗期，如果土壤过湿，容易产生猝倒病。可采取土壤消毒及喷洒代森锌的方式进行防治。

在高温高湿的环境下，生长期的植株易发生蚜虫和红蜘蛛等虫害，可用100升水和10毫升乐果配制的溶液喷施防治，并加强环境的通风换气管理。

栽培 日历

季节	月份	播种	定植	开花	结果	浇水	施肥	病虫害	观赏
春	3			❀					👁
	4			❀					👁
	5			❀		💧	📋		👁
夏	6				🍎	💧	📋	🐛	
	7	🌱			🍎	💧	📋	🐛	
	8	🌱				💧	📋	🐛	
秋	9	🌱				💧			
	10		🚶						
	11		🚶						
冬	12		🚶			💧	📋		
	1					💧	📋		
	2			❀					👁

Tips：蒲包花是初春时的主要观赏花卉之一，能补充冬季与春季之间观赏花卉的不足，可作室内装饰点缀，置于阳台或室内观赏。蒲包花的开花时间有先有后，先开的先枯萎，后开的后枯萎，在室内摆放时，要注意及时把枯花摘掉，以免影响观赏效果。

Pericallis hybrida

9. 瓜叶菊

- 别名　富贵菊、生荷留兰、千日莲
- 科属　菊科，瓜叶菊属
- 产地　大西洋加那利群岛

形 态　多年生草本植物，在我国常作为一二年生温室草本植物栽培；茎密被白色长柔毛；叶肾形或宽心形，长10～15厘米，宽10～20厘米，叶脉掌状；头状花序，小花呈紫红色、淡蓝色、粉红色或近白色；管状花呈黄色，长约6毫米；果呈长圆形，长约1.5毫米；花果期3—7月。

习 性　瓜叶菊性喜温暖湿润、通风凉爽的环境。冬季不耐严寒，夏季又惧高温，通常栽培在低温温室内，适宜生长的温度为10～18℃。要求光照充足，在肥沃、疏松及排水良好的土壤条件下生长良好，忌积水湿涝。

种养 Point

瓜叶菊以播种繁殖为主，极少扦插，每年2—9月播种均可。播种方式采用播种盆或布种箱育苗，不宜采用播种床。播种用土以腐叶土、壤土、河沙各1/3混合配制，混合均匀后过筛并经高温消毒后备用。因瓜叶菊的种子极其细小，应注意适度覆盖，深度以不见种子为宜。

瓜叶菊喜肥，除在培养土中添加10%的有机质基肥外，处暑节气后，天气转凉，可以开始施液态追肥至开花。当叶片长到三四层时，进行根叶追肥，以促进花芽分化，提高开花品质。生长期的最适温度为16～21℃，现蕾后控制在7～13℃比较适宜。

瓜叶菊对湿度要求比较高。如何在冬季使环境湿度适中，也是栽培瓜叶菊的关键。过于干燥，易使瓜叶菊的叶片经常处于萎蔫状态，不利于叶片生长，易使叶片发黄，也易滋生红蜘蛛和蚜虫。浇水过多，室内湿度过高，易使根系、主茎、叶片腐烂，同时也易滋生蚜虫；如果加上室温过高，通风不好，还易产生白粉病。

要诀 Point

❶ 瓜叶菊的播种育苗比较困难，要注意以下几点。一是宜用播种盆播种，覆土不能深，要用浸盆法进行浇灌；二是播种盆和播种用土要严格消毒，忌雨淋；三是育苗期要遮阴，并加强通风。

❷ 栽培过程中须移苗栽植3次以上。

❸ 生长期控制室温和"蹲苗"是防止植株徒长和提高着花率的关键。

栽培 日历

季节	月份	播种	扦插	开花	结果	浇水	施肥	病虫害	观赏
春	3			●				●	●
	4	●		●	●			●	●
	5	●	●	●	●	●	●		●
夏	6	●	●	●	●	●	●		
	7	●		●	●	●	●	●	
	8	●			●	●	●	●	
秋	9	●			●	●	●		
	10	●			●	●	●		
	11								●
冬	12								●
	1								●
	2								●

Tips: 开花期将瓜叶菊置于8～10℃冷凉环境中，可使叶茂花繁，花期可延续30～40天。

Primula malacoides

10. 报春花

- 别名　樱草、年景花
- 科属　报春花科，报春花属
- 产地　中国的云南、贵州和广西西部
　　　　（隆林）

形　态　低矮宿根草本植物，园艺上多作一二年生草本植物栽培；叶丛生，呈卵形、椭圆形或长圆形，长3～10厘米；伞形花序，花冠呈粉红色、淡蓝紫色或近白色；蒴果球形；花期2—5月，果期3—6月。

习　性　报春花性喜阴凉、湿润及通风良好的环境。不耐炎热，亦不耐严寒，喜排水良好且含有丰富腐殖质的土壤，以中性或微碱性为宜。

种养 Point

在种子出苗后一个半月，即幼苗长出两三片真叶时，以3厘米的株距将幼苗移栽于苗床上养护。待长出6～8片真叶时，进行第一次移植上盆，在口径10厘米左右的小号盆中每盆种植1株。1个月后，再进行第二次移植，即从小号盆中带宿土移植至口径20厘米左右的中号盆中，每盆栽两三株。上盆时，栽种深度要适中，过深易引起植株烂心，过浅则易倒伏。

土　壤　栽植报春花的培养土多以腐叶土、园土、厩肥和河沙按5∶3∶2∶1的比例混合配制，并添加少量石灰，以调节土壤的酸碱度。

温　度　报春花不耐高温。当夏季温度超过25℃时，植株的生长发育将受到影响而进入半休眠状态，这时，要采取适度遮阴、加强通风、控制浇水量、停止追肥、摘除全部花蕾等措施，以减少养分消耗，确保安全越夏。

水肥管理 立秋后，要加大浇水量、恢复追肥，入冬后即可再度开花。报春花喜肥，在生长期要勤施水肥，从定植到开花前要每隔10天追施1次。

病虫害 在报春花的生长期，如遇低温和土壤过湿，易生白粉病，可用50%的代森锌稀释1000倍后防治。如遇高温干旱，则易滋生蚜虫和红蜘蛛，可用稀释1500～2000倍的乐果水溶液喷杀，或用50%的灭蚜松稀释2000倍后喷雾。

要诀 Point

❶ 栽培土壤中要掺入少量石灰，防止土壤酸性过强，影响叶片正常生长而出现失绿泛黄现象。

❷ 植株喜阴、怕热、畏寒，要求通风、光照充足，不宜直晒，否则叶色变红，主根易腐烂，生长不良。

栽培 日历

季节	月份	播种	分株	定植	开花	结果	浇水	施肥	观赏
春	3				✿	♡			👁
	4				✿	♡			👁
	5	⟡				♡			
夏	6	⟡							
	7			⚘					
	8			⚘			◊		
秋	9	⟡					◊		
	10	⟡	⚘				◊		
	11		⚘				◊	▯	
冬	12				✿			▯	👁
	1				✿				👁
	2				✿				👁

Alcea rosea

11. 蜀 葵

- 别名　熟季花、端午锦、一丈红、胡葵
- 科属　锦葵科，蜀葵属
- 产地　中国西南地区

形　态　二年生直立草本植物；高达2米，茎枝密被刺毛；叶近圆心形；花腋生，单生或近簇生，排列成总状花序，花大，直径6～10厘米，有红色、紫色、白色、粉红色、黄色和黑紫色等花色，单瓣或重瓣；果呈盘状，直径约2厘米，被短柔毛；花期6—8月。

习　性　蜀葵性喜冷凉气候，耐半阴也耐寒，可在陆地自然越冬，年年萌发新的枝丛。喜阳光，对土壤要求不严，耐旱又耐碱，在任何土壤条件下均能生长。

种养 Point

　　繁殖蜀葵多用播种法，可春播也可秋播。春播当年开花，但多采用秋播。

9—10月在种子成熟后即可采籽，因蜀葵不耐移栽，所以多立即于露地直接点播，或盆内播种，然后移植。分株法多在春、秋两季休眠期进行。

　　蜀葵的日常管理较为简单粗放。栽植前将土层深翻，施入一些基肥则生长尤其良好。植株间的间距至少保持50厘米。因植株个体较为高大，春天也要保证充足的水分。雨季应注意排水，雨季过后仍要灌水，干旱状态下易发生锈病及红蜘蛛危害。开花前可追施液肥1次，并注意清除杂草、黄叶以便通风，防止病菌滋生。

　　蜀葵在第一次开花过后，即8月进行修剪，仅保留20厘米的植株高度，其余全部剪去，并及时追肥及浇水，秋后将株丛剪掉，10月可第二次开花。在寒冷地区的冬季，根部应埋土防寒，或作为一二年生草花栽培，过于老化的宿根长出的株丛往往杂乱且长势不良，应及时进行更新。

要诀 Point

❶ 不耐移植，常进行直播。

❷ 秋季不能长期淋雨。

❸ 北方冬季在寒流来时最好在土壤上铺一层稻草，以防严寒。

栽培 日历

季节	月份	播种	分株	扦插	开花	结果	浇水	施肥	病虫害	观赏
春	3	✓	✓				✓	✓		
	4	✓					✓	✓		
	5						✓	✓	✓	
夏	6				✓		✓	✓	✓	✓
	7				✓		✓	✓	✓	✓
	8				✓	✓	✓	✓	✓	✓
秋	9	✓	✓	✓	✓	✓	✓	✓		✓
	10	✓	✓	✓			✓	✓		
	11						✓			
	12									
冬	1									
	2		✓							

Tips: 蜀葵早春上盆，独本开花。种子成熟后易散落，应及时采收。植株易衰老，应及时更新。

多年生草本花卉

Agapanthus praecox ssp. *orientalis*

1. 百子莲

- 别名　百子兰、非洲百合
- 科属　石蒜科，百子莲属
- 产地　南非

形　态　多年生常绿草本植物；具鳞茎；叶呈线状披针形或带形，近革质，从根状茎上抽生而出；伞形花序，有花20余朵，呈漏斗状，花色为深蓝色和白色；花期6—8月。

习　性　喜温暖、湿润及半阴环境，具有一定抗寒能力，越冬温度4～8℃。不苛求土壤，但在腐殖质丰富、肥沃且排水良好的土壤中生长更好。

种养 Point

百子莲以分株繁殖为主，亦可播种繁殖。分株一般在秋天开花后翻盆进行，每两三个芽一丛分开栽种，翌年即可开花。或在春季结合换盆进行分株，但当年不能开花。播种繁殖随采随播，种子15天左右发芽，幼苗生长缓慢，一般栽培5年以上才能开花，生产者较少采用。

春季管理　春季结合换盆进行分株繁殖，但当年不能开花。地栽隔3～4年分栽1次。百子莲喜肥喜水，开春气温回升后逐渐加强水肥管理，经常保持土壤湿润，但不能积水。生长期内每2周追肥1次。

夏季管理　夏季炎热，应置于阴凉和通风良好处养护，并施追肥。花前加施磷肥、钾肥（肥料中配以过磷酸钙及草木灰），则开花繁茂。夏季土表铺草可保湿，到了冬季可起到防寒作用。

秋季管理　秋末天气转凉后，移进室内养护。

冬季管理　冬季生长缓慢，土壤宜干不宜湿，应减少浇水，并停止施肥。

要诀 Point

❶ 盆栽老株若不适时分株，则开花逐年减少，一般隔2～3年应分栽1次。

❷ 开花前加施过磷酸钙和草木灰，能促进着花。

❸ 土表铺草，夏季可保湿，冬季可防寒，有利于生长。

栽培 日历

季节	月份	播种	分株	开花	结果	换盆	浇水	施肥	观赏
春	3		🌱			🪴	💧	🧂	
	4		🌱			🪴	💧	🧂	
	5			🌸			💧	🧂	👁
夏	6			🌸			💧	🧂	👁
	7			🌸			💧	🧂	👁
	8	🌱		🌸	🌷		💧	🧂	👁
秋	9	🌱	🌱		🌷		💧	🧂	👁
	10		🌱						
	11								
冬	12								
	1								
	2								

Clivia miniata

2. 君子兰

- 别名　剑叶石蒜、大叶石蒜
- 科属　石蒜科，君子兰属
- 产地　南非

形　态　多年生常绿肉质宿根草本植物；花期4—6月，有时冬季也可开花。

习　性　喜冬季无严寒、夏季无酷暑的温和气候，适宜生长温度为15～25℃。要求明亮散射光，忌夏季直射阳光。适于疏松、肥沃、腐殖质含量丰富的土壤。

种养 Point

土　壤　将腐叶土（或泥炭土）、河沙（或炉碴）和有机堆肥按5∶3∶1的比例混合配制成培养土。

光　照　家庭莳养君子兰时常出现叶片生长左右倾斜而破坏造型美观的情况，为此必须每3～5天180°转换花盆方向1次，尽量使君子兰各个侧面受光照强度均匀一致。

温　度　君子兰畏寒，气温低于10℃

时，植株长势趋缓，如果降到0℃以下，会引起植株冻害。因此，君子兰入秋后必须转入温室或室内进行防寒养护，要保持室温在10℃以上，同时还应注意增加日照和加强通风。

高温（超过30℃）会导致叶片发黄，抑制君子兰的生长。必须采取遮阳降温措施，避免曝晒，最好放置在室外通风、凉爽的半阴处养护。浇水量要适中，保持盆土不干不湿。许多养花者喜欢给叶片喷水，这样会使多余的水分流到叶基的假鳞茎内，容易导致植株的根茎腐烂。

要诀 Point

❶忌盆土积水，否则会引起黄叶、烂根。

❷肥水不宜浇进株心和叶柄内，以免造

成茎叶腐烂。

❸ 夏季须遮阴，春季、秋季、冬季应充分接受日照。

❹ 夏季要通风降温，湿热易引起病虫害。

解疑 Point

　　种养君子兰时常会出现花葶夹在叶缝中长不出来的现象，严重影响观赏效果，这种现象俗称"夹箭"。

如何防止夹箭呢？

❶ 冬季室温保持在15℃以上，并加大昼夜温差。

❷ 抽花葶时，要保证充足的水分供给，以确保其旺盛生长。

❸ 花前追施0.1%尿素和0.5%磷酸二氢钾的混合肥水，以促进花芽形成和开花。

❹ 每年在春季（或秋季）须换盆，以刺激植株旺盛生长。

栽培 日历

季节	月份	播种	分株	开花	结果	换盆	浇水	施肥	病虫害	观赏
春	3		🌱	🌸		🪴		💧		👁
	4		🌱	🌸		🪴		💧	🐛	👁
	5		🌱	🌸		🪴		💧	🐛	👁
夏	6						🔥	💧		
	7						🔥			
	8						🔥			
	9						🔥			
秋	10				🍒	🪴	🔥	💧	🐛	👁
	11	🌾			🍒	🪴		💧		👁
	12	🌾			🍒					👁
冬	1		🌱	🌸	🍒					👁
	2		🌱	🌸						👁

Tips: 君子兰的根系为肉质根，忌水涝，所以浇水时应掌握"见干见湿"的原则。

Paeonia lactiflora

3. 芍 药

- **别名** 将离、殿春、离草、没骨花
- **科属** 芍药科，芍药属
- **产地** 亚洲东北部

形 态 多年生肉质宿根草本植物；根粗壮，分枝呈黑褐色；茎高40～70厘米，无毛；小叶呈狭卵形、椭圆形或披针形，边缘具白色骨质细齿，两面无毛；花数朵，生于茎顶和叶腋，花瓣白色，有时基部具深紫色斑块；花期5—6月；果期8月。

习 性 喜冷凉气候，耐寒性极强，在北方各地均可露地越冬。要求日照充足，在疏松、肥沃、透水性良好的沙壤土中生长最佳，忌土壤黏重积水。

种养 Point

春季管理 早春植株萌动前少浇水，萌动生长至开花后，再适当增加浇水次数，并保持土壤干湿适度，不能积水。在芽萌动及开花前后各施追肥1次，追肥用复合肥较为理想。芍药开花前应保留一两个顶蕾，侧蕾通常疏去，以使养分集中于顶蕾，保证开花质量。开花时对易倒伏品种应设立支柱。

秋季管理 芍药要在9月下旬至10月上旬分栽，这样可以在冬季来临前使根系有一段恢复期，产生新根，对翌年生长有利。一般家庭养花，6～7年分株1次。芍药根系较深，栽植应深耕，并充分施以基肥，腐熟堆肥、厩肥、油粕及骨粉等均可。种植深度以刚好掩埋芽头为度，覆土同时予以适度镇压。种后不必立即浇水，10天后再浇，以防烂芽烂根。

冬季管理 每年秋冬之际视土壤肥瘠情况，可再施一些迟效肥料。

要诀 Point

① 土壤要排水通畅，否则易烂根。

② 种后10天再浇水。

③ 以4年分栽1次为宜，要在秋季（9—10月）分栽，不能春季分栽。

解疑 Point

如何对芍药进行疏蕾?

① 选择晴天上午进行，便于伤口愈合。

② 选用锋利剪刀细心操作，不能将花蕾的叶片剪伤或剪掉。

③ 疏蕾分两次进行。第一次在主蕾直径为1厘米时进行，先将主蕾和离主蕾最近的一个侧蕾留下；第二次在主蕾直径为2厘米时进行，除留下主蕾外，相邻侧蕾全部疏去。

栽培日历

季节	月份	播种	分株	扦插	开花	结果	中耕	浇水	施肥	病虫害	观赏
春	3							●	●		
	4				●		●	●	●		●
	5				●		●	●			●
夏	6					●	●				●
	7	●				●				●	●
	8	●				●		●		●	●
秋	9		●	●				●			
	10		●	●							
	11						●		●		
	12										
冬	1										
	2										

Tips: 芍药的根是深根性肉质根，不耐水涝，积水6～10小时即导致烂根。低湿地区不宜种植芍药。

Catharanthus roseus

4. 长春花

- 别名　金盏草、四时春、山矾花、日日草、日日春
- 科属　夹竹桃科，长春花属
- 产地　南亚、非洲东部及热带美洲

形　态　多年生宿根草本植物，但在温带地区多作一年生草本花卉栽培；全株无毛或仅有微毛；叶呈倒卵状长圆形，长3～4厘米，宽1.5～2.5厘米；聚伞花序，腋生或顶生，花冠红色，高脚碟状；果皮厚纸质，有条纹，被柔毛；种子黑色，长圆状圆筒形；花期、果期几乎覆盖全年。

习　性　长春花性喜温暖湿润、日照充足的环境，比较耐高温干旱，不耐冷冻，怕雨涝。对土壤要求不严，但不适宜盐碱地，在含腐殖质的沙壤土中生长最好。

种养 Point

　　长春花可以播种繁殖，也可扦插。

一年四季均可播种，但由于种子发芽的适宜温度在20℃以上，因此以春播最为普遍。当苗高4～5厘米时，可移栽；待苗长出五六片真叶时，可定植。由于长春花是直根系植物，不耐移植，因此，采用直播定植或营养袋育苗比较合适。直播植株的长势明显比移植苗的长势快且健壮。

　　在生长季节，可取在温室越冬母株新发的嫩枝扦插，或结合摘心进行扦插繁殖。由于扦插苗长势不健壮，开花稀疏，因此在实践中很少采用。扦插苗易生根，将嫩枝直接插于素面沙土中，保持湿润，2周后可生根。

　　长春花露地定植的株距为20厘米。移苗时，要带土团。定植后，要注意浇水施肥，水分不可太多，太湿对植株生长发育不利。苗高7～8厘米时，要进行摘心，以促使分枝并控制株型高度，但摘心不得超过2次，否则会影响开花。在生长期每月施肥1次，进入果熟期不必施肥。开花后，要及时剪去残花，可延续花期至霜降。

要诀 Point

❶ 由于长春花是直根系植物，不耐移植，因此以直播或营养袋育苗为宜。

❷ 不耐水渍，切勿栽培于低洼积水之地。

栽培 日历

季节	月份	播种	扦插	定植	开花	结果	施肥	修剪	病虫害	观赏
春	3	●	●					●		
	4	●	●							
	5			●						
夏	6				●		●		●	
	7		●		●		●	●	●	●
	8				●	●	●	●	●	●
	9				●	●	●		●	●
秋	10					●				
	11									
冬	12									
	1									
	2									

Tips: 长春花喜水又耐干旱，浇水要求"间干间湿"，干湿交替，不干不浇，浇即浇透。

5. 卡特兰

Cattleya hybrida

- 别名　卡特利亚兰、嘉德利亚兰、多利亚兰
- 科属　兰科，卡特兰属
- 产地　南美洲的哥伦比亚、巴西

形　态　附生兰，具气生根；茎通常膨大成假鳞茎状，呈纺锤形或棍棒形，直立；顶端具一两枚叶，叶呈革质或肉质，长椭圆形；花单朵或数朵排成总状花序，生于假鳞茎顶端，花色极为丰富和艳丽；花期夏季。

习　性　附生于森林中大树的树干上，喜温暖和半阴的环境，不耐寒，忌干旱和强烈光照，宜种在疏松、肥沃和排水良好的泥炭土中。喜湿润环境，但要求空气流通。

种养 Point

夏季管理　夏季为旺盛生长期，要多浇水，每天进行1次叶面喷雾。通风良好可以避免病虫害，使植株发育良好。

秋季管理　开花后的6周为休眠期，要少浇水。可在晴天傍晚浇水，一次浇透，让水从盆底通畅地流出，待盆内干燥后再浇。

光　照　卡特兰喜有散射光的半阴环境。若光线过强，其叶片和假球茎易发黄或被灼伤，并诱发病害；若光线过弱，又会导致叶片徒长、叶质单薄。

温　度　夏季当气温超过35℃时，要通过搭棚遮阴、环境喷水、增加通风等措施，为卡特兰创造一个相对凉爽的环境，使其能继续保持旺盛的长势，安全过夏，避免发生茎叶晒伤。秋末冬初，当环境温度降至12℃以下时，应及早搬入室内。

病虫害　卡特兰的主要虫害有介壳虫、

蜗牛等，主要病害有叶斑病、叶枯病、黑腐病、细菌性软腐病。对介壳虫可以用50%氧化乐果乳剂1000倍液喷雾，每周喷1次，连续喷洒3～4周；对蜗牛等害虫可用毒饵诱杀。病害可用50%代森锌800～1000倍液、50%可湿性多菌灵1000倍液或70%甲基硫菌灵700～800倍液喷雾。

要诀 Point

❶ 换盆、分株的时间一般以新芽刚刚长出时或开花之后兰株进入休眠期为宜。在操作过程中注意不要伤害新芽和新根。

❷ 在分株时所用的剪刀要进行彻底消毒，以防止兰株伤口染上病毒或病菌。

栽培 日历

季节	月份	分株	开花	换盆	浇水	施肥	病虫害	观赏
春	3	●			●	●		
	4	●		●				
	5				●	●	●	
夏	6				●	●	●	
	7				●	●	●	
	8				●		●	
秋	9				●			
	10	●		●	●			
	11	●			●	●		
冬	12		●					●
	1		●					●
	2		●					●

Tips：浇水一般用井水、河水或放置2～3天的自来水，尽可能从盆沿浇，不要将水浇到花朵上。

Coreopsis grandiflora

6. 大花金鸡菊

- 别名 剑叶波斯菊
- 科属 菊科，金鸡菊属
- 产地 北美洲

形　态　多年生宿根草本植物；高20～100厘米，茎直立，叶对生；头状花序单生于枝端，具长花序梗，舌状花6～10个，舌片宽大，黄色，长1.5～2.5厘米，管状花长5毫米，两性；瘦果呈广椭圆形或近圆形，长2.5～3毫米，边缘具膜质宽翅；花期5—8月。

习　性　大花金鸡菊喜温暖、湿润和阳光充足的环境，较耐寒，耐旱性极强，对土壤要求不严，也耐瘠薄土壤，但在疏松、中等肥沃和排水良好的壤土中生长更好。

种养 Point

　　繁殖多采用播种的方法，一般于春季进行，13～16℃的温度下2～3周即可发芽，生长适温10～25℃，播种后4个月即可开花。露地种植常自播繁殖。另外也可在秋季进行分株繁殖，选择生长较为旺盛的株丛，挖起后用利刃切开宿根，剪去枯黄的叶片，另行栽植即可。

水肥管理　大花金鸡菊耐旱怕涝，雨后应及时排水。生长期追施两三次氮肥，追氮肥时配合使用磷肥、钾肥。若想开花多，可在7—8月追1次肥，10月便花繁叶茂。大花金鸡菊在肥沃的土壤中枝叶茂盛，开花反而减少，因此为了取得良好的观花效果，施肥要适度，不能过多。

修　剪　花后应及时剪去花梗，以利基部萌发新苗，一般植株在栽植5～6年后进行更新。采用合适的修剪方法，

可以适当延长花期；修剪次数多，则花期较晚。

病虫害　大花金鸡菊常见的病虫害为叶斑病、锈病和蚜虫。叶斑病可用波尔多液防治，锈病用50%萎锈灵可湿性粉剂2000倍液喷洒，蚜虫可每10天交替使用1次氧化乐果和杀灭菊酯。

要诀 Point

❶ 花期停止施肥，防止枝叶徒长而影响开花。

❷ 花后及时剪去花梗，以利萌发新株。

栽培 日历

季节	月份	播种	扦插	定植	开花	施肥	除草	病虫害	观赏
春	3	🌱							
	4	🌱							
	5			✕	🌸	▱			👁
夏	6		↓		🌸	▱		🐛	👁
	7		↓		🌸	▱		🐛	👁
	8		↓		🌸	▱		🐛	👁
	9					▱			
秋	10								
	11								
	12								
冬	1								
	2	🌱							

Physosteegia virginiana

7. 假龙头花

- 别名　芝麻花、随意草、虎尾花
- 科属　唇形科，假龙头花属
- 产地　北美洲

形　态　多年生宿根草本植物；株高60～120厘米，茎呈四方形，丛生且直立；单叶对生，呈披针形，亮绿色，边缘具锯齿；穗状花序顶生，长20～30厘米，每轮有花2朵，花冠唇形，花筒长约2.5厘米，唇瓣短，花色为淡紫红色；花期7—9月。

习　性　喜温暖、湿润和阳光充足的环境，较耐寒，不耐旱和强光，宜在排水良好、肥沃、疏松的壤土或沙壤土中生长。夏季干燥则生长不良。

种养 Point

假龙头花常用分株或播种进行繁殖。一般2～3年分株1次，早春萌芽前或花后进行，此时植株的萌芽力强，甚至残留在土壤内的断根也可萌发。播种以春播为宜，在4—5月进行，发芽适温18～24℃，播种后14～21天出芽。种子的发芽率较高。

地栽时的栽植密度以每平方米25～40株为宜，苗高10～15厘米时进行摘心以促使分枝。生长期保持土壤湿润，尤其在夏季高温时期，要注意及时浇水；每半个月可施肥1次，但应注意控制氮肥的量，以免植株徒长，造成株高而花稀，花期推迟。花序抽出后，增施磷肥、钾肥1次或2次，并注意充分浇水和及时中耕除草。做切花时，在30%花朵初开时即可剪取。9月进行花后修剪，同时施用追肥，以促进根、茎、种子的生长。

病虫害　假龙头花常会出现茎腐病、叶斑病、锈病和蚜虫。发生茎腐病应及时拔除，防止蔓延。其他病害用65%代森锌可湿性粉剂600倍液喷洒。出现蚜虫，可喷施800～1000倍乐果防治。

要诀 Point

❶ 不喜夏季干燥，易造成落叶，应注意保持土壤湿度。

❷ 生长期要控制氮肥的使用量，以免造成植株徒长。

栽培 日历

季节	月份	扦插	分株	开花	结果	换盆	浇水	施肥	观赏
春	3		✓			✓	✓	✓	
	4	✓	✓			✓	✓	✓	
	5	✓					✓	✓	
夏	6			✓				✓	✓
	7			✓			✓	✓	✓
	8			✓	✓		✓	✓	✓
秋	9		✓	✓	✓			✓	✓
	10	✓	✓		✓				✓
	11	✓							
冬	12								
	1								
	2								

Tips: 假龙头花开一次花后，应及时摘除残花，追施腐熟粪肥1次或2次，以促进新梢生长和二次开花。

Platycodon grandiflorus

8. 桔　梗

- 别名　梗草、僧冠帽、六角荷、铃铛花
- 科属　桔梗科，桔梗属
- 产地　中国、日本及朝鲜

形　态　多年生宿根草本植物；茎高20～120厘米，通常无毛，不分枝；叶轮生，叶片呈卵状椭圆形或披针形，长2～7厘米，宽0.5～3.5厘米，边缘具细锯齿；花单朵顶生，或数朵集成假总状花序，或有花序分枝而集成圆锥花序，花色为蓝色或紫色；蒴果呈球状倒圆锥形或倒卵状，长1～2.5厘米，直径约1厘米；花期6—10月。

习　性　桔梗耐寒性强，宿根可在我国北方地区露地越冬。喜气候凉爽、阳光充分、侧面荫蔽的湿润环境，不耐高温、多湿和阴冷气候，适合栽种于排水良好、富含腐殖质的沙壤土中。

种养 Point

桔梗的繁殖方式以播种和分株为主。播种在4月或9月进行，因发芽率低、种苗细弱，须精细管理。春播要好于秋播，但都要在第二年才能开花。分株在春、秋两季均可进行，早春进行分株，当年即可开花。分株时应连同根部的芽一起分离栽植，可3～4年进行1次。

栽培选择深厚肥沃的土壤。幼苗生长期每月施肥1次。保持土壤湿润，防止干裂。开花时，植株容易倒伏，可适当培土或设立支架。秋冬时节地上部分逐渐枯萎时，应及时剪除枯枝，地下根部可在露地越冬。

病虫害　生长期常发生根腐病危害，

可用10%抗菌剂401醋酸溶液1000倍液喷洒。

7—8月高温高湿时易生炭疽病，蔓延迅速，植株成片倒伏死亡，主要危害茎秆基部。可在幼苗出土前用20%退菌特可湿性粉剂500倍液喷雾预防，发病初期每10天喷1次50%甲基托布津可湿性粉剂800倍液，连续喷三四次。

多年生草本花卉

解疑 Point

如何使桔梗第二次开花?

可在第一次开花后，即7月底以前进行修剪，留杆25～30厘米，并加强水肥管理，防治病虫危害和雨季涝害，10月可第二次开花。

栽培 日历

季节	月份	播种	定植	开花	结果	浇水	施肥	除草	病虫害	观赏
春	3		✓							
	4	✓	✓				✓			
	5	✓								
夏	6	✓				✓	✓			✓
	7			✓		✓	✓	✓	✓	✓
	8			✓	✓	✓	✓	✓	✓	✓
	9			✓	✓	✓			✓	✓
秋	10	✓			✓				✓	✓
	11	✓					✓			
	12									
冬	1									
	2									

Tips：高温多雨季节开沟排涝，防止积水烂根；适当多施磷肥、钾肥，促进茎秆生长，防止倒伏发生。

Echinacea purpurea

9. 松果菊

- 别名　紫锥花、紫锥菊、紫松果菊
- 科属　菊科，松果菊属
- 产地　北美洲

形　态　多年生宿根草本植物；株高60～150厘米；全株具粗毛，茎直立；基生叶呈卵形或三角形，茎生叶呈卵状披针形，叶柄基部稍抱茎；头状花序单生于枝顶，花径达10厘米，主花茎花朵先开，然后腋芽抽生侧花茎，形成花蕾，舌状花紫红色，管状花橙黄色；花期6—10月。

习　性　松果菊喜温暖向阳环境，适生于深厚、疏松、肥沃、排水良好、富含腐殖质的微酸性土壤中。耐寒亦耐瘠薄，耐半阴，怕积水和干旱，不耐湿热，生长适温为15～26℃，冬季温度不得低于5℃。

种养 Point

松果菊多播种繁殖，于春、秋两季进行。幼苗具三四片叶时可定植，株距约40厘米，在整个生长期须保持土壤湿润，每2周施肥1次。7—8月的雨季要注意排水，并防止植株倒伏。冬季如覆盖厩肥，翌年则生长旺盛。每隔2～3年分株1次，使其更新复壮。

松果菊在肥水条件充足时渐次抽茎开花，花期可长达2个月，单花寿命10～15天。为保持较好的观赏效果，可适时摘心，促进侧花的形成，以后再次摘心，可形成二次侧花。摘心还可使植株矮化，防止倒伏。

病虫害　松果菊常见的病虫害有叶斑病

和蚜虫。叶斑病用70%甲基硫菌灵可湿性粉剂1000倍液喷洒。蚜虫用2.5%鱼藤酮乳油1000倍液喷杀。

要诀 Point

① 3—6月的生长季要注意不断浇水，保持土壤湿润。

② 利用花后修剪控制花期。如4—5月花后修剪，并加强施肥管理，7—8月可第二次开花；5—6月花后修剪并施肥浇水，9—10月可第二次开花。

解疑 Point

如何延长松果菊的花期？

在整个生长期，特别在3—6月的生长季，要注意不断浇水，保持土壤湿润，夏季开花前，增施一两次磷肥、钾肥，干旱时适当灌溉并施以液肥，可延长花期。花后及时剪除残花，可延长观赏期。

栽培 日历

季节	月份	播种	扦插	分株	定植	开花	结果	浇水	施肥	观赏
春	3			●					●	
	4	●		●					●	
	5	●						●	●	
夏	6		●			●		●	●	●
	7		●			●		●	●	●
	8					●		●	●	
	9	●				●	●	●	●	
秋	10	●		●			●			
	11			●						
冬	12									
	1									
	2									

61

Phalaenopsis aphrodite

10. 蝴蝶兰

- •别名　蝶兰
- •科属　兰科，蝴蝶兰属
- •产地　亚热带雨林地区

形　态　多年生草本植物；茎很短，常被叶鞘所包；叶呈椭圆形或镰状长圆形，长10～20厘米，宽3～6厘米；花白色，花瓣呈菱状圆形，长2.7～3.4厘米，先端圆，具短爪；花期3—4月。

习　性　喜高温、多湿和半阴环境，不耐寒，环境最低温度必须保持在10℃以上。怕干旱和强光，喜肥沃和排水良好的微酸性腐叶土。根部忌积水，喜通风和干燥环境。

种养 Point

　　蝴蝶兰的无性繁殖常采用分株繁殖的方式，一般在新芽萌发前或开花后进行。

春季管理　春季遮光30%～50%，宜放在室内朝南窗口附近，既防春寒又有一定光照；适当多浇水，但基质不可过湿；约半个月施1次稀释的复合肥。蝴蝶兰的翻盆，应在花谢后立即进行。

夏季管理　夏季喜半阴，应遮光70%，可移至半阴的阳台边角处，高温时须加强通风，并不断喷水降温。浇水应小心，不可将水分溅到叶基部的花心处，否则会导致叶基腐烂，影响开花。

秋季管理　秋季置于阳台半阴处，遮光70%，常往周围泼水以降温、增湿。每星期浇水1次或2次，7～10天施1次薄肥。晚秋的白天置于南面阳台以增强光照，夜间移至北面阳台或窗口接受15～18℃的低温刺激。同时改施磷酸二氢钾，以催生花芽。

冬季管理　宜置于室内朝南窗口处，使之接受较多光照，促进花茎生长和开花。冬季花梗抽出后一般经75～90天即可开花，温度最好不要低于15℃。花开后，须尽早将凋谢的花剪去。家庭栽培时切忌放在下面有暖气的窗台上，不施肥，少浇水。

土　壤　适于栽培蝴蝶兰的基质要排水性、保水性和通气性良好，能维持1～2年不腐烂，价格合适，易于获得，比如蛇木屑、泥炭藓、水苔、树皮、椰糠和椰壳纤维。

修　剪　当蝴蝶兰开花时，有时会出现花梗顶部下垂的现象，可用铁丝支撑，从而提高观赏性。开花全部结束后，应及时剪去从植株基部抽出的花梗，防止养分消耗。如果想要来年再开花，可结合换盆对花茎进行短截。

病虫害　蝴蝶兰常见的病害有褐斑病、软腐病，可用50％多菌灵可湿性粉剂1000倍液喷洒。虫害有介壳虫和粉虱，用2.5％溴氰菊酯乳油3000倍液喷杀。

栽培 日历

季节	月份	分株	定植	开花	换盆	浇水	施肥	病虫害	观赏
春	3	✦	✶	❀	⬛				👁
	4		✶	❀	⬛				👁
	5	✦			⬛				
夏	6					💧		🐛	
	7					💧	⬛	🐛	
	8					💧	⬛	🐛	
	9					💧	⬛		
秋	10					💧	⬛	🐛	
	11						⬛	🐛	
	12						⬛		
冬	1						⬛		
	2								

Tips：栽培蝴蝶兰应根据花梗生长、花蕾分化发育快慢调节光照强度和棚内温度，把花期调控至最佳。

Hippeastrum rutilum

1. 朱顶红

- 别名　孤挺花、百枝莲、红花莲、华胄兰
- 科属　石蒜科，朱顶红属
- 产地　巴西等南美洲国家

形　态　多年生草本植物，株型别致，花色艳丽，花形奇特诱人，花瓣具有斑纹，叶形规正，为世界著名的温室花卉。

习　性　性喜温暖、湿润气候，生长适温为18～25℃，不喜酷热，阳光不宜过于强烈。冬季休眠期要求冷湿的气候，以10～12℃为宜，不得低于5℃。怕水涝，喜富含腐殖质、排水良好的沙壤土。

- -

种养 Point

上盆定植　栽前盆底排水孔用瓦片或纸片垫好，上铺一层2～3厘米厚的炉渣或粗砂，上盆时盆底加入鸡粪或饼肥等有机肥、复合肥作为基肥，再加入配好并经过消毒的基质。栽时注意不要伤根，

球根刚种下时，先露出大半个球体，大约2/3体积，然后将栽培基质压实，浇透水，并经常检查球根的状态，因为此时球根容易发生溃烂现象，等球根的根、叶长出后，再用基质覆盖至球的2/3处或3/4处。

光　照　朱顶红喜光，尤其冬季需要充足的光照。刚种植时先放置在阴暗处，以利于生根，待2周左右发芽，开始长出叶片后，逐渐增加光照，待叶片全部长出后再移到阳光直射处，以便花箭抽出。

温　度　朱顶红不耐寒，生长期要求温暖、湿润的环境。朱顶红的最适生长温度为20～21℃。先将种球放置在气温为13～15℃、干燥、通风的阴凉处15天

左右，有利于根系的发育生长。15天后待芽长出叶片时，再将种球转移至通风良好、气温在18~25℃、空气湿度在65%~80%的地方进行常规管理。

浇 水 初期少浇，开花前适当增加，开花期浇足，平时以保持盆土湿润为宜。刚种植时浇透水，之后少浇水，在发芽前基本不浇水，等到发芽之后加大浇水量。随着叶片的增加可增加浇水量，花期水分要充足，花后要控制水分，以盆土稍干为宜。

施 肥 在发芽前除底肥外，不另外施肥。苗期以氮肥为主，中后期以磷肥、钾肥为主，促进球根肥大，防止徒长。

栽培 日历

季节	月份	播种	分球	定植	开花	施肥	起球
春	3						
	4						
	5						
	6						
夏	7						
	8						
	9						
秋	10						
	11						
	12						
冬	1						
	2						

Tips: 新手种植朱顶红，可能会遇到朱顶红"夹箭"的现象，即花箭夹于叶片中难以挺立绽放。为避免该现象，在家庭种养该植物时，要给予其充分的光照，待其长出新叶后，每周施1次以磷、钾为主的肥料，如枯饼、骨粉等。应一直施到花箭抽出为止，否则易出现提前落花、落蕾的现象。花谢后及时从花箭基部剪除，以免消耗植株体内养分，还可以促进新花箭的萌生。

Tulipa gesneriana

2. 郁金香

- 别名　洋荷花、郁香草麝香
- 科属　百合科，郁金香属
- 产地　欧洲

形　态　多年生草本植物；地下具卵圆形鳞茎；叶3～5枚，呈条状披针形或卵状披针形；花单朵顶生，花大且艳丽，无花柱，柱头增大呈鸡冠状；花期2—5月。

习　性　冬季喜温暖湿润环境，夏季喜欢凉爽稍干燥、向阳或略阴环境，较耐寒、忌酷热。秋季种植，冬季鳞茎生根，春季抽叶开花，夏季休眠。花朵白天开放，夜间及阴雨天闭合。

种养 Point

上盆定植　选择充实肥大的种球，每盆（口径20厘米）种植3～5个，种植深度以种球顶部与土面平齐为宜。如果种植的是未经冷藏处理的种球，上盆后应放置于自然低温环境下养护，种球要经历低温春化阶段后才会正常开花。

浇　水　种后浇足定根水，露地栽培的越冬期间，若土壤不过分干燥就无须再浇水。早春芽萌动出土后，浇水量一定要充足均衡，土壤要始终保持湿润，不能积水。

施　肥　除施足基肥外，在幼芽出土、展叶、着蕾和花谢四个时期，分别追施1次低浓度速效复合肥。在孕蕾期，对叶面喷施2次或3次0.2%的磷酸二氢钾溶液，能有效提高开花质量。

解疑 Point

1. 郁金香鳞茎腐烂是什么原因？

❶ 挖出的鳞茎没有晾干并附有带病菌的

泥土，贮藏期间温度高、湿度大，导致霉烂。

❷ 种植时，土壤未消毒或施用未经腐熟的肥料作基肥。

❸ 培植的土黏性、排水性差，造成土中积水。

❹ 鳞茎挖掘过早，新的鳞茎生长不充实。

2.郁金香第二年还能复花吗?

可以复花。郁金香本就是多年生植物，能成活多年，开花多年。等它花期结束之后，合理修剪，加强养护管理，并很好地保存种球，等到11月重新种植，就可很好地萌发，花期还会开花。不过开花质量会不如第一年的，花期也会缩短，花色没有之前的艳丽。

栽培 日历

季节	月份	播种	开花	定植	施肥	收获（种球采收）
春	3					
	4					
	5					
	6					
夏	7					
	8					
	9					
秋	10					
	11					
	12					
冬	1					
	2					

Hyacinthus orientalis

3. 风信子

- 别名　五色水仙、洋水仙
- 科属　天门冬科，风信子属
- 产地　南欧地中海东部沿岸及小亚细亚半岛一带

形　态　多年生草本植物，球根植物；鳞茎呈卵形，未开花时形如大蒜；叶4～9枚，带状披针形，肉质，基生，肥厚；根据其花色，大致分为蓝色、粉红色、白色、鹅黄色、紫色、黄色、绯红色、红色等八个品系，原种为浅紫色，具芳香；蒴果；花期3—4月。

习　性　喜凉爽、湿润及阳光充足的环境，稍耐寒，有春化要求。

种养 Point

上盆定植　盆土用腐叶土（或泥炭土）、苔藓和河沙的混合土。先将球茎用水喷湿后再上盆种植。覆土不宜过深，留鳞茎顶端露出土面，种植之后最好在盆土表层再覆盖一层粗砂。先将花盆置于冷暗处（低于10℃）40～60天，保持盆土湿润，当鳞茎生长出发达根系后（有根须从盆底孔穿出），再移至温度为16～20℃、有光照的场所养护。

水　培　选健壮饱满的鳞茎，剔干净球茎的外表和附着的土粒，然后放置在带口径的玻璃瓶上，口径大小正好托住鳞茎，注意不要让鳞茎直接接触到水。先将水养瓶放置在冷凉黑暗处（低于10℃）。当芽与根长到5～6厘米时，再转至有明亮光照处，在10～20℃条件下养护40～50天便可开花。注意要经常转动花瓶，使植株各个部分受日照均衡，每隔3～4天更换清水1次。

要诀 Point

❶ 盆栽初期须经过一段黑暗期培植，待发根后再移至有光处养护。

❷ 必须保持盆土湿润才能确保生长良好。

❸ 盆土一定要沥水快，若盆土积水会造成花朵枯萎。

❹ 室内种植要加强通风，否则将引起叶片发黄。

栽培 日历

季节	月份	分球	定植	施肥	开花
春	3				
	4				
	5				
夏	6				
	7				
	8				
秋	9				
	10				
	11				
冬	12				
	1				
	2				

Tips：栽植风信子的过程中，可能会遇到生理性芽腐、顶端变绿病、花串生长歪斜、顶端开花等问题。这些问题与温度控制有关，为防止其发生，应明确选择栽植风信子品种所需的和满足正常生长发育所需的低温期，确保生根期9℃恒温，生长期也最好保持20～25℃恒温，防止温度骤升骤降，在种植期间温度降幅不能超过5℃。

Zantedeschia aethiopica

4. 马蹄莲

- 别名　水芋、慈姑花、海芋百合
- 科属　天南星科，马蹄莲属
- 产地　南非

形　态　多年生草本植物，地下具肥大肉质块茎；花期3—5月。

习　性　喜温暖、湿润的气候环境。理想的生长温度为8～25℃，不耐寒，冬季低温和夏季高温均会导致植株休眠。冬季要求光照充足，其他季节须遮阳30%，忌夏季曝晒。

种养 Point

春季管理　马蹄莲喜水喜肥，生长期浇水一定要充足，甚至可以直接将花盆搁置在浅水槽中水养。除施基肥外，每隔10天左右追施1次液肥，2月后还要增施磷肥，以促使花蕾萌生。浇水施肥切忌浇淋株心和叶柄，以免植株腐烂。

夏季管理　5月以后天气热，叶片逐渐变黄，此时可减少浇水，将盆侧放，令其干燥，促其休眠。叶子全部枯黄后，倒盆取出块茎，用清水冲净泥土，风干后放置于通风阴凉处贮藏。

秋季管理　秋季重新栽种块茎，栽植前应将块茎底部衰老部分削去。每盆植球4个或5个，培养土要肥沃疏松，既沥水又保湿，可用腐叶土2份、砻糠灰1份，或用泥炭土、园土、粗砂各1份混合配制，并内加骨粉或过磷酸钙作基肥，以增加土壤肥力。由于地下根茎强健，宜选用较大（口径20～30厘米）、较深的高脚盆种植，每盆种植3个或4个粗壮带芽的块茎，覆土后盆口应留较大空间，并覆盖一层干净松针，以利于浇水和保湿。浇透水后，把盆放在半阴处。经过10～14天后出芽，约30天叶片基本生长齐整。霜降前（10月下旬）移入温室或室内朝南向阳窗台上养护。

要诀 Point

① 特喜潮湿，生长期要充分浇水。

② 夏季遇高温会倒苗休眠，应放置在阴凉通风处养护，预防软腐病发生。

③ 冬季给予充足日照，少施氮肥，促进多开花。

④ 若叶子生长繁茂应及时疏去老叶，以利花梗抽出。

栽培 日历

季节	月份	分球	开花	上盆	施肥	修剪
春	3					
	4					
	5					
夏	6					
	7					
	8					
秋	9					
	10					
	11					
冬	12					
	1					
	2					

Tips: 马蹄莲在进入生长旺盛阶段后，应给予充足光照，若光照不足，马蹄莲会只抽苞而不开花，甚至花苞逐渐变绿至萎蔫。马蹄莲喜长光照，但不喜强光照，因此当夏季阳光过于强烈灼热时，要采取避强光的措施。此外，马蹄莲易受烟害，大量烟尘覆盖叶片表面时，叶片会变黄，这时须给予其良好的通风条件，适时喷淋叶片。

Dahlia pinnata

5.大丽花

- 别名　大丽菊、大理花、天竺牡丹
- 科属　菊科，大丽花属
- 产地　墨西哥

形　态　多年生草本植物；有巨大棒状块根；茎直立，粗壮多分枝，高1.5～2米；叶呈一至三回羽状全裂，裂片呈卵形或长圆状卵形；头状花序有长花序梗，常下垂，舌状花1层，为白色、红色或紫色，管状花为黄色，有时栽培种全部为舌状花；瘦果长圆形，黑色，扁平；花期6—10月，果期9—10月。

习　性　喜温暖、强光照及通风环境，畏严寒酷暑。适宜温度为15～25℃，当气温超过30℃，其生长发育就会受到阻碍，因此，5—6月及10—11月为生长开花适宜期，而在夏季高温多雨地区往往生长不良，甚至死亡。

种养 Point

　　宜选用矮型品种。盆栽土一定要混拌30%腐叶土，并在盆底施放基肥。春季生长期每周追施氮肥1次，花蕾吐色后加施5%过磷酸钙水溶液，能促使花色鲜艳。施肥时间最好在晴天傍晚。因夏季植株处于半休眠状态，一般不宜施肥。连遇雨天时，应倾倒花盆，避免盆内渍水烂根。

修　剪　春季开花后，在晴天短截植株越夏，加强养护管理，秋季能再度盛开。为矮化和丰满株型，当植株长至30～40厘米高时，摘心1次或2次，保留四五枝健壮分枝，及时打掉腋芽。当出现花蕾后，每枝保留一两个主蕾，剥去多余花蕾，以保证开花质量。

要诀 Point

① 分株繁殖时必须带芽切割块根。

② 春季进行1次短截修剪，花后基部留一两节。

③ 盆栽要严格控制浇水，以防徒长和烂根。

④ 冬季块根必须贮藏于5℃以上的干燥环境，低温会导致块根腐烂。

栽培 日历

季节	月份	播种	分株	扦插	开花	结果	施肥	收获（块根采收）
春	3							
	4							
	5							
	6							
夏	7							
	8							
	9							
秋	10							
	11							
	12							
冬	1							
	2							

Tips：对于提升大丽花的观赏性而言，整形这一步骤是必不可少的。整形方式应按照观赏要求及品种特性来定，一是不摘心、整枝栽培，适用于大花品种，具体做法是保留主枝的顶芽，除靠近顶芽的2个侧芽作为顶芽损伤替补芽外，其余各侧芽均去除；二是摘心、多枝栽培，适用于中花、小花品种，当主枝生长15～20厘米时，自第2～4节处摘心，促使侧枝生长开花。

Freesia refracta

6. 小苍兰

- 学名　香雪兰
- 别名　菖蒲兰、小菖兰
- 科属　鸢尾科，香雪兰属
- 产地　南非好望角一带

形　态　多年生球根花卉；鳞茎卵圆形；叶线形；花期2—4月。

习　性　喜凉爽湿润、阳光充足的环境。不耐高温，夏季休眠，耐寒性也较差，我国多数地区均在温室或塑料大棚内栽培。

种养 Point

春季管理　春季生长期经常追肥，并保持土壤湿润，加强室内通风，2月中下旬便可开花。小苍兰花期易倒伏，应立支柱扎缚。

夏季管理　开花后，生长逐渐衰败而转入休眠，应逐渐减少浇水量，以偏干为宜，在茎叶泛黄枯萎时，应停止浇水，取出球茎，剪掉枯叶，自然风干后贮藏于通风、干燥、无直射日光处。也可连盆一起放置在凉爽处贮藏，但不要浇水。

秋季管理　立秋后分栽小球，母球基部一般发生五六个子球，挑选最大者栽植，翌春便可开花，小子球须培养3年方能开花。地栽最忌连作，应避免种在以前曾种过鸢尾科植物的地点。种植前，在土壤中施足腐熟堆肥或缓效复合肥。定植后充足灌水，并保持土壤湿润，以促进球茎早发芽、快生根，同时给予充足日照，7～10天可出苗。

冬季管理　霜降时移入室内，初期室温不宜过高，以后逐渐升高温度，生长适温10～18℃，低温不宜低于5℃，高温不宜超过25℃，如果长期处于20℃以上的环境，花芽分化受抑制，花茎缩短，容易产生盲花。春节前后可开花。

要诀 Point

❶ 种植初期适当遮阴降温，能促进种球发芽和幼苗生长。

❷ 适当深植有利于植株生长和开花。

❸ 室内种植应保持温度在20℃以下，高温容易产生盲花。

❹ 生长期要加强通风和光照，否则植株生长细弱，易倒伏。

栽培 日历

季节	月份	播种	球茎繁殖	开花	定植	施肥
春	3					
	4					
	5					
	6					
夏	7					
	8					
	9		+			
秋	10		+			
	11					
	12					
冬	1					
	2					

Tips: 温度管理对家庭盆栽小苍兰尤为重要。一般定植后40天，花序已完全分化。该阶段为花芽分化期，须避免25℃的高温和3℃以下的低温。从长出4叶起，要保证有1个月以上的时间温度维持在13～14℃，以诱导花原基分化。花蕾出现后应适当提高环境温度，以促进开花，25℃以上要通风，10℃以下则应加覆盖保温或加温。

Narcissus tazetta var. *chinensis*

7. 水 仙

- 别名　中国水仙、凌波仙子、金盏银
　　　台、天葱、雅蒜
- 科属　石蒜科，水仙属
- 产地　中国、日本

形　态　多年生草本植物；花期1—2月。

习　性　喜温暖、湿润和阳光充足的环境。耐寒，在我国华北地区不需要保护即可露地越冬。对土壤适应性较强，但在土层深厚疏松、湿润且不积水的土壤中生长最好。生长发育规律具有秋季生长、冬季开花、春季长球、夏季休眠的特点。

上盆定植　9—10月选用大鳞茎球，每盆种1株。盆土用腐叶土与河沙混合，盆底垫施有机堆肥，种后覆土2~3厘米厚。置于阳光充足处养护，霜降后转入室内，放置在朝南的窗台上，加强水肥管理，可使其冬季开花。

水　培　首先剥去鳞茎球的褐色表皮，用锋利刀具将球茎顶部切割一个"十"字形开口，以帮助鳞茎内的芽抽出，注意勿伤芽茎。然后用清水浸泡1天后取出，擦净切口流出的黏液，再用脱脂棉花敷于切口和根基，这样既利于吸水保湿、促进生长，又可避免造成切口和须根焦黄而影响美观。最后，将球茎搁置于水盘中，四周铺垫一些小河卵石固定球茎，灌入清水至鳞茎基部，要防止水面浸过鳞茎切割过的部位，以免使伤口因浸水而腐烂。初期3~5天，放置阴暗处，促进根系生长，根系长至3厘米时，放置在室内向阳的窗口处，室温保持在10~15℃。

解疑 Point

如何挑选水仙球?

❶ 问装。"装"是指水仙鳞茎球的包装,彰州水仙球的大小是按"装"计算的。直径8厘米以上的为一级,每箱装20球,叫"20装";此外还有"30装""50装"等不同的规格。一般来说水仙球越大,开花数量就越多。

❷ 量周长。是指用皮尺量水仙球主球周围的长度,一般20装的主球周长为25~35厘米,50装的仅19~20厘米。

❸ 看形。优质水仙球外形扁、坚实,呈扇形,顶芽外露而饱满,基部鳞茎盘宽而肥厚,下凹较深,同时在鳞茎两侧生有一对对称的小鳞茎。

❹ 观色。水仙球色彩要鲜明,外层膜呈深褐色,包膜完整、鳞皮纵纹距离宽为优,外皮呈浅褐色的鳞茎大多不够成熟,开花少或不能开花。

❺ 按压。用拇指和食指捏住水仙球前后两侧稍用力按压,内部具有柱状物且有坚实弹性感的就是花芽。花球坚实,有一定重量,说明花球贮藏了较多养分,日后定能开花。

栽培 日历

季节	月份	分球	定植	开花	施肥	收获(鳞茎挖取)
春	3					
	4					
	5					
	6					
夏	7					
	8					
	9					
秋	10					
	11					
	12					
冬	1					
	2					

Cyclamen persicum

8. 仙客来

- 别　名　一品冠、兔耳花、萝卜海棠
- 科　属　报春花科，仙客来属
- 产　地　地中海沿岸的叙利亚到希腊一带的山地

形　态　多年生草本植物；块茎呈扁球形，直径通常为4～5厘米，具木栓质的表皮，棕褐色，顶部稍扁平；叶和花葶同时自块茎顶部抽出，叶柄长5～18厘米；叶片呈心状卵圆形，直径3～14厘米，先端稍锐尖，边缘有细圆齿，质地稍厚，上面深绿色，常有浅色的斑纹；花萼通常分裂达基部，裂片呈三角形或长圆状三角形，全缘；花冠白色或玫瑰红色，喉部深紫色，筒部近半球形，基部无耳，比筒部长3.5～5倍，剧烈反折；花期为10月至翌年4月。

习　性　性喜温湿、凉爽和阳光充足的环境，夏季半休眠。较耐寒，冬季适宜生长温度为12～16℃，怕高温，若气温达35℃以上，则根茎易腐烂枯死。喜富含腐殖质的肥沃沙壤土。

种养 Point

仙客来采用播种繁殖和切割种球法繁殖，但切割种球法繁殖植株易腐烂，所以一般不采用。9—10月将种子均匀地播撒在苗床上，覆土约0.5厘米厚，保持盆土湿润，放置阴凉处，温度维持在15～20℃，5～6周即可发芽。

土　壤　仙客来喜疏松、肥沃的酸性土壤，盆栽可用腐叶土、发酵粪肥、河沙配制培养土。

浇　水　浇水尽量避免洒到花和叶子上，应浇其根部。

施　肥　仙客来喜肥，但花期不施氮肥，生长季可每周施1次薄肥，切忌重肥，否则易导致根茎腐烂。

激素处理 于幼蕾期用1毫克/千克的赤霉素喷洒，每天喷1~3次即可，可提早开花。

病虫害 仙客来的主要病虫害有灰霉病和蚜虫。灰霉病发病前喷施75%百菌清800~1000倍液等保护性杀菌剂；发病时喷施具有治疗性的杀菌剂，如：70%甲基托布津800~1000倍液、50%多菌灵500~800倍液等。蚜虫可用50%避蚜雾可湿性粉剂2000倍液、10%的吡虫啉1500倍液交替喷雾防治。

要诀 Point

❶ 保持盆土湿润和叶面清洁，避免烈日直射，保持环境通风。

❷ 室内养护时，要与暖气和空调保持一定的距离。

栽培 日历

季节	月份	播种	球茎繁殖	休眠	换盆	开花	施肥
春	3						
	4						
	5						
	6						
夏	7						
	8						
	9						
秋	10						
	11						
	12						
冬	1						
	2						

Armeniaca mume

1. 梅

- 别名　春梅、干枝梅、红绿梅
- 科属　蔷薇科，杏属
- 产地　中国南方

形　态　落叶小乔木；高4～10米；树皮浅灰色或带绿色，平滑；小枝绿色，光滑无毛；叶片呈卵形或椭圆形，长4～8厘米，宽2.5～5厘米，叶边常具小锐锯齿，灰绿色；花瓣倒卵形，白色至粉红色；果实近球形，直径2～3厘米，黄色或绿白色，被柔毛，味酸；花期冬季至翌年春季，果期5—6月（在华北地区果期延至7—8月）。

习　性　喜通风良好、光照充足、温暖湿润的环境，耐寒能力较强，但一般不耐−15℃以下的低温。喜肥沃疏松、富含腐殖质、干湿相宜的微酸性沙壤土，耐贫瘠。喜湿怕涝，花期忌暴雨。

种养 Point

春季管理　上盆时在盆内施入基肥。肥料以氮肥为主，腐熟的人粪尿或饼水肥也可。依据造型进行疏剪和短截，选好保留的枝条后，将其他枝条全部从基部剪去，以免消耗养分。

夏季管理　施1次肥，喷矮壮素等激素，可抑制新梢生长，提前进行花芽分化。盆栽梅花对水较为敏感，怕涝，多雨季节应将盆放倒，排除渍水。夏季是梅花病虫害的高发季节，应及时进行防治。

秋季管理　9月上旬至11月下旬，应给根系的生长及吸收创造良好条件，如经常进行松土，避免盆土过干或过湿，适当施有机肥等。

盆梅喜光，在蕾期应使其多见阳光，这对于防止花蕾脱落和提高开花质量有利。

病虫害 梅花因其抗病虫能力强，栽培中要注意通风、排水，增强抗性。蚜虫、红蜘蛛和介壳虫用石硫合剂、溴氰菊酯防治。白粉病、煤污病等可用多菌灵防治。

要诀 Point

❶ 夏季停肥，注意扣水以利花芽形成，出现落青叶则水分过少，叶发黄脱落则水分过多。

❷ 花后注意修剪、摘心。

❸ 虫害不能喷乐果等农药，以免发生药害。

栽培 日历

季节	月份	播种	嫁接	扦插	压条	定植	开花	结果	施肥	病虫害	观赏
春	3										
	4										
	5										
夏	6		—								
	7		—								
	8		—								
	9		—								
秋	10										
	11										
	12										
冬	1										
	2										

Tips: 盆栽梅花要放在阳光充足、通风良好的地方。浇水要"见干见湿"，夏季每天须向花盆周围喷水，增加空气湿度。

Camellia sasanqua

2.茶 梅

- 别名　早茶梅、小茶梅
- 科属　山茶科，山茶属
- 产地　中国江南等地。各地均有栽培

形　态　常绿灌木，树形矮小；叶革质，椭圆形；花大小不一，红色；蒴果球形；花期很长，可从11月一直到翌年4月。

习　性　性喜温暖湿润、半阴的环境，夏季要防止烈日曝晒。喜土质疏松、排水性好、透气性强、肥沃、偏酸性的土壤。耐寒力和对土壤的适应力都比山茶强。冬天略畏寒。

春季管理　盆栽茶梅每隔2～3年换盆1次。换盆要注意整形，使之通风透光。一般情况下，2—3月施1次稀薄氮肥，促进枝叶生长。4—5月施1次稀薄饼肥水，以利花芽分化。

夏季管理　茶梅畏酷热，忌强光，故一般4—9月在阴凉处养护。茶梅喜湿润，以喷水来保持一定的湿度，在相对湿度80％左右的环境中生长良好。茶梅根肉质，忌水涝，长期过湿会引起烂根。6月下旬开始现蕾，孕蕾期要消耗大量养分，一般每枝留蕾1个，其余的都应疏去。疏蕾时间可安排在8月前后，直至10月。

秋季管理　9—10月施1次0.2％磷酸二氢钾溶液，促使花大色艳。对于残花，应及时摘除，既可减少消耗，又可保持美观。

冬季管理　大多数地区盆栽应进冷室越冬，在11月上旬进房。进房前宜对盆中杂草及枯枝黄叶进行1次清理。

解疑 Point

茶梅与山茶、油茶有什么区别?

茶梅与山茶为同属,在形态上有不少相似之处,但也有许多不同的地方。山茶的幼枝、主脉上无毛,而茶梅幼枝和主脉上都有绒毛,小的叶片两面也都有绒毛。茶梅的花朵平开,花瓣呈散开状,这些特征与山茶不同,故很容易区分。

茶梅与油茶叶片大小、光泽不同。茶梅叶呈深绿色,椭圆形,较小且薄,有光泽,叶片背面的网脉比较明显;而油茶则叶色深浅不一,长圆形,叶片较大,少光泽,叶片主脉平正,叶背主脉无柔毛,叶片背面网脉几乎看不到。枝条的位置不同,茶梅小枝斜生或横生,嫩枝有柔毛,而油茶小枝横生不明显,嫩枝无毛。

栽培 日历

季节	月份	嫁接	扦插	定植	开花	换盆	施肥	遮阴	病虫害	观赏
春	3									
	4									
	5									
夏	6									
	7									
	8									
秋	9									
	10									
	11									
	12									
冬	1									
	2									

Tips: 茶梅适宜种在土层深厚、疏松肥沃、pH 值为5.5~6.5的酸性沙壤土中。

Rhododendron simsii

3. 杜 鹃

- 别名　映山红、山石榴、山踯躅
- 科属　杜鹃花科，杜鹃花属
- 产地　中国及亚洲南部高山地区

形　态　常绿、半常绿或落叶灌木；株高达2米；枝被亮棕色扁平糙伏毛；叶片呈卵形、椭圆形或卵状椭圆形，具细齿；花冠呈漏斗状，有玫瑰色、鲜红色和深红色等丰富的花色；蒴果呈卵圆形，有宿萼；花期早的2—3月即开，以4—6月开得最多，果期6—8月。

习　性　性喜凉爽、湿润、通风的半阴环境，怕烈日曝晒，又怕严寒，忌浓肥。适宜生长温度为12～25℃，如超过35℃，易致枯萎。土壤以疏松、排水良好、偏酸性（pH值5.0～5.5）的腐叶土为佳，忌盐碱。

- -

种养 Point

土　壤　将腐叶土、泥炭土和沙土按照5：2：3的比例混合。在种植或是移栽前可以掺入少量骨粉，增加土壤中矿物质的含量。

浇　水　初春只需要保持盆土湿润即可。春末夏初，杜鹃即将开花，需水量也会大大增加，所以浇水也要稍微多一些。到了夏季，温度太高，除浇水外还要向植株喷水雾。秋季天气转凉，需要适度控水，盆土微微发干即可。冬季进入休眠要减少浇水。

施　肥　3月起，每隔15天施1次或2次氮磷肥结合、以磷为主的稀薄追肥，切忌追浓肥。

修　剪　及时进行疏蕾。每一枝顶上，只须留1个花蕾，其余的都摘去。通过2次疏蕾和摘花，开出来的花朵整齐美观、花大色艳。

开花时，入室欣赏，放在窗口通风

处，早晚能见微弱阳光，夜间移出室外。开花期间不施肥，盆土干了便浇水。

要诀 Point

❶ 夏季是养好杜鹃的关键时期，应放在荫蔽透风之处。

❷ 秋季正处在花芽的生长期，应增施磷钾肥。

❸ 冬季防寒，5℃以上可安全越冬，及时剪除残花、过密枝、病虫枝、徒长枝。

解疑 Point

杜鹃的花苞为何"变成"了叶片？

杜鹃花苞形成前，先进行花芽分化，在这一阶段必须增加以磷为主的肥料，不然长出来的时候，初看好像是花苞，有的甚至像黄豆那样大，但其实是叶芽，因为花苞被包藏在叶芽之内。当磷肥不足时，包藏在叶芽内的花芽就无法形成，所以翌年放叶时，就没有见到花苞，也就造成了花芽"变成"叶片的误解。

栽培 日历

季节	月份	定植	开花	浇水	施肥	修剪	病虫害	观赏
春	3							
	4							
	5							
	6							
夏	7							
	8							
	9							
秋	10							
	11							
	12							
冬	1							
	2							

Rosa chinensis

4.月 季

- 学名　月季花
- 别名　长春花、月月红、四季花
- 科属　蔷薇科，蔷薇属
- 产地　中国，各地普遍栽培

形　态　常绿或半常绿直立灌木；高1～2米；小枝粗壮，近无毛，有短粗的钩状皮刺；小叶片呈宽卵形至卵状长圆形，长2.5～6厘米，宽1～3厘米，边缘有锐锯齿，两面近无毛，上面暗绿色，常带光泽，下面颜色较浅；花几朵集生，稀少单生，花瓣重瓣至半重瓣，红色、粉红色至白色等花色均有，呈倒卵形；果呈卵球形或梨形，红色；花期4—10月，果期6—11月。

习　性　喜温暖和阳光，怕热，炎夏酷暑开花少、花瓣单薄、花色暗淡无光。春秋两季生长繁茂，花色艳丽，富有光泽。最适温度白天为20～25℃，夜间为12～15℃，对环境的适应性很强。栽培用土要求是富含大量有机质，且疏松肥沃、湿润通气、排水性良好、保水保肥力强的微酸性土壤。

种养 Point

春季管理　早春萌芽前进行栽植。通常情况下，生育期每隔10天左右施1次腐熟的稀薄饼肥水，孕蕾开花期加施1次或2次速效性磷钾肥。

夏季管理　月季喜光，日照每天要在5小时以上。当温度超过30℃时，月季生长受到抑制，花芽不再分化，易引起枝叶萎蔫，叶缘枯焦，影响秋季开花。在充分浇水的同时，中午前后注意适当遮阴，并向周围地面洒水降温，摘掉花小色淡的花蕾，以度酷暑。伏天不施肥。

秋季管理　秋季随着气温降低，开花逐渐增多，应注意修剪和施肥。可增施磷肥、钾肥，减少施氮肥，控制新枝生长，如果枝叶发生徒长也会造成开花少且花朵变小，应注意及时修剪和合理浇水，使植株生长健壮，以利越冬。

冬季管理　温度在5℃以下即进入休眠期停止生长。休眠期修剪最好在休眠末期腋芽开始膨胀时完成。对于二年生以上的月季，主要是从基部剪除枯枝、病虫枝、交叉枝，并喷波尔多液预防。月季的病虫害较多，冬季防治是关键。

病虫害　易患黑斑病和白粉病，可喷洒波尔多液防治；虫害有叶蜂、蚜虫等，可用乐果、溴氰菊酯防治。冬季注意修剪病虫枝。

要诀 Point

月季有三肥：3月还春肥，9月还秋肥、越冬肥。

栽培 日历

季节	月份	扦插	嫁接	定植	开花	施肥	修剪	病虫害	观赏
春	3								
	4								
	5								
夏	6								
	7								
	8								
秋	9								
	10								
	11								
冬	12								
	1								
	2								

Tips: 通过调控光照控制月季花期，适时补光可以使开花日期大幅度提前。

Hydrangea macrophylla

5.绣 球

- 别名 八仙花、紫阳花
- 科属 绣球花科，绣球属
- 产地 中国山东、江苏、安徽、浙江、福建、河南、湖北、湖南、广西、四川、贵州、云南等省，广东省及其沿海岛屿。日本、朝鲜也有分布

形 态 灌木；株高可达4米，树冠球形；小枝粗，无毛；叶呈倒卵形或宽椭圆形，长6~15厘米，叶柄粗，无毛；伞房状聚伞花序近球形或头状，分枝粗，花密集；幼果呈陀螺状；花期6—8月。

习 性 短日照植物，喜温暖、湿润、半阴环境，不耐旱、不耐寒，亦忌水涝；宜在肥沃、排水良好的酸性土壤中生长。绣球生长适温为18~28℃，冬季温度不低于5℃。在其生长发育阶段应在5~7℃条件下经过6~8周，否则花芽不分化。

种养 Point

绣球有分株、压条和扦插三种繁殖方式。分株宜在早春萌芽前进行，将已生根的枝条与母株分离，直接盆栽，待其萌发新芽；压条可在芽萌动时进行，翌年春季与母株分离，并带土移植，当年可开花；扦插宜在梅雨季节进行，剪取长约20厘米的顶端嫩枝，摘去下部叶片以行扦插。

春季管理 翻盆换土在3月上旬进行为宜，再施以氮肥为主的稀薄液肥。栽植土壤以疏松、肥沃和排水良好的沙壤土为宜，且应注意土壤酸碱度，对绣球花色有较大影响。土壤呈酸性时，花呈蓝色；土壤呈碱性时，花呈红色。绣球以栽培于酸性（pH值为4.0~4.5最佳）土壤中为宜。可将1%~3%的硫酸亚铁加入液肥中施用以增加土壤酸性。绣球孕蕾期增施一两次磷酸二氢钾，可使花大色艳。

夏季管理 应将盆栽置于半阴处，防止烈日直晒使叶片泛黄焦灼。夏季谨防雨后积水，绣球的肉质根会因水分过多而腐烂。注意花前、花后各施一两次追肥，以促使叶绿花繁。花谢后及时剪去花梗。

秋季管理 9月以后，逐渐减少浇水量。最好剪去新梢顶部，使枝条停止生长，以利越冬并可使株型优美。

冬季管理 霜降前移入室内向阳处，室温不应低于5℃。入室前摘除叶片，以免烂叶。第二年谷雨后出室为宜。

病虫害 绣球易得萎蔫病、白粉病和叶斑病，可用65%代森锌可湿性粉剂600倍液喷洒防治。绣球的常见虫害有蚜虫和盲蝽，可用40%氧化乐果乳油1500倍液进行喷杀。

栽培 日历

季节	月份	换盆	扦插	分株	施肥	开花	修剪	浇水
春	3							
	4							
	5				追肥			
夏	6							
	7							
	8							
秋	9				追肥			
	10							
	11							
冬	12							少水
	1							
	2							

Hibiscus rosa-sinensis

6.扶 桑

- 学名 　朱槿
- 别名 　佛桑、吊兰牡丹、大红花、
　　　　赤槿
- 科属 　锦葵科，木槿属
- 产地 　中国南部

形 态 常绿大灌木或小乔木；高1～3米；叶呈阔卵形或狭卵形，长4～9厘米，宽2～5厘米；花单生于上部叶腋间，常下垂，花梗疏被星状柔毛或近平滑无毛，近端有节，花冠漏斗形，直径6～10厘米，花瓣呈倒卵形；蒴果呈卵形，长约2.5厘米，平滑无毛；花期全年，夏秋两季最盛。

习 性 喜温暖，不耐阴，不耐寒，不耐旱。以疏松、肥沃、排水良好的pH值为6.5～7.0的偏酸性壤土或黏质壤土为宜。

种养 Point

春季管理 三年生以上的植株换盆，一般在4—5月进行。换盆的同时要剪去多余的须根，同时进行修剪整形。对老的植株，可每隔1～2年进行1次重剪，即各侧枝基部保留两三个芽，将上部剪去。扶桑性喜阳光，出室后应放于光线充足的地方。

夏季管理 每7～10天施1次腐熟的稀薄饼肥，孕蕾期或花期的肥料应以氮磷肥为主，但花期前忌施大肥，以免落蕾。注意通风，防治煤烟病和蚜虫，以利枝条新生。夏季天气如果干燥，应每天浇透1次水，并经常喷洗叶面，以增加空气湿度。扶桑怕积水和雨涝，因此雨季要经常排出盆内积水。

秋季管理 10月下旬移入室内，置于向阳处，注意通风，停止施肥。每5～7天浇1次水，保持盆土略湿润。室温不低于5℃，也不要高于20℃，如室温过高，扶桑易徒长而得不到充分休眠，会影响翌年开花，室温过低又易受冻害，引起落叶。

冬季管理　冬季室内的扶桑，应经常对叶面洒水或用薄膜隔离暖气烘烤，保持一定的湿度条件以催花。室内越冬期间，若管理不当易落叶，主要是由于冬季室温低，扶桑处于休眠状态但浇水过多。此外，如果昼夜温差变化大也易引起落叶。

病虫害　扶桑常遇到的虫害有嫩叶上的蚜虫和枝干上的介壳虫，可用乐果和石硫合剂防治。

栽培 日历

季节	月份	扦插	嫁接	开花	换盆	施肥	修剪	观赏
春	3		—					
	4							
	5							
夏	6							
	7							
	8							
秋	9		—					
	10							
	11							
冬	12							
	1							
	2							

Tips：夏季避免烈日直射，中午前后应遮阴，炎热天气向叶面洒水。开花以后对植株重剪，诱发新梢。

Bougainvillea spectabilis

7. 三角梅

- 学名 叶子花
- 别名 宝巾、本鹃、九重葛、三角花
- 科属 紫茉莉科，叶子花属
- 产地 巴西

形 态 常绿攀缘藤本灌木；枝、叶密生柔毛；叶片呈椭圆形或卵形；花序腋生或顶生，苞片呈椭圆状卵形，暗红色或淡紫红色；果实长1~1.5厘米，密生毛；花期甚长，一般可自5月开到12月，如果温度适合，还可常年开花。

习 性 喜温暖湿润、阳光充足的环境，不耐寒，喜水喜肥。对土壤要求不高，但在排水良好、疏松肥沃的沙壤土中生长茂盛。

- -

种养 Point

春季管理 栽培时盆底可放些腐熟的基肥，液肥要薄肥勤施。每10天1次，促其生长。应经常修剪，盆栽可剪成圆头形，使分枝多、花密，形成美丽的树冠。

夏季管理 由于三角梅是强阳性植物，即使在盛夏，也可置于露天阳光直射之下。如果光线不足或过于隐蔽，则新枝生长细弱，花少，而且叶片暗淡，甚至脱落。需水量大，如供水不足，易致落叶，使植株生长不良，延迟开花，故夏季应及时浇水。夏季要少施氮肥，宜多施磷钾肥，这样才能开花旺盛。夏季新生侧枝往往易徒长，应及时摘心，以利保持株型和开花繁多。

秋季管理 花期应施磷肥2次或3次。开花期应及时浇水，花后可适当减少。花后修剪，及时去除枯枝、密枝，促使多发新枝，开花繁茂。

冬季管理 冬季应置于室内，浇水遵循"不干不浇"的原则，过湿会引起烂根。三角梅开花适温为28℃，冬季室内温度应维持在7℃以上。翌年谷雨后应移至室外。除亚热带地区地栽外，多作盆栽。

解疑 Point

三角梅得了褐斑病怎么办？

① 注意增加叶片湿度。

② 及时剪除病枝、病叶，并加以烧毁。

③ 让植株通风透光。

④ 发病初期喷50%退菌特1000倍液。

栽培 日历

季节	月份	扦插	压条	换盆	修剪	开花	施肥
春	3						
	4						
	5						
夏	6						
	7						
	8						
秋	9						
	10						
	11						
冬	12						
	1						
	2						

Tips：三角梅直立性差，而且生长期新枝生长很快，易造成树型不美、枝条繁乱，对于家庭盆栽养护而言，修剪整形工作十分重要。幼苗长至约15厘米高时应及时摘心，促其萌发侧枝，侧枝长至20厘米时进行二次摘心，令树型丰满。开花后应重剪1次，将所有侧枝短截，促生更多的苗壮枝条。

Gardenia jasminoides

8. 栀子花

- 学名　栀子
- 别名　黄栀子、山栀子
- 科属　茜草科，栀子属
- 产地　中国长江流域以南各省区

形　态　常绿灌木，高达3米；叶对生或3枚轮生，呈长圆状披针形、倒卵状长圆形、倒卵形或椭圆形；花芳香，单朵生于枝顶，花冠为白色或乳黄色，高脚碟状；果呈卵形、近球形、椭圆形或长圆形，黄色或橙红色，长1.5～7厘米；花期4—8月，果期11月。

习　性　性喜温暖、湿润气候，稍耐寒、喜光，但又要求避免强烈阳光直射。喜空气湿度高、通风良好的环境。喜排水良好、疏松、肥沃的酸性土壤，畏碱土。

种养 Point

　　栀子花应放在室外通风半阴处，在初蕾形成前后，施一两次液肥。栀子花萌芽力强，花后应将开谢的残花及时剪去，促使抽生新梢。当新梢长到两三节时，进行1次摘心，并适当抹除部分腋芽。在我国北方地区，土壤酸碱度pH值的变化和缺铁易引起叶片发黄，可以浇矾肥水或施硫酸亚铁。栀子花稍耐寒，冬季处于半休眠状态，应放在室内，室温不宜过高，一般保持在3～5℃，并控制浇水，置于半阴处，但要通风。温度在−12℃以下，叶片会受冻脱落。

病虫害　栀子天蛾可用溴氰菊酯防治。

要诀 Point

① 缺铁时可施硫酸亚铁。

② 微酸性土壤栽植，花后修剪。

解疑 Point

在我国北方地区怎样防止栀子花叶子枯黄并脱落?

栀子花要求强酸性土壤,pH值不得超过5.5,而北方调制的培养土pH值都在6.5~7.0之间。故盆栽种栀子花,不到1个月叶子就会开始发黄,新生叶片也黄而不绿,时间一长就开始掉叶。

要想养好栀子花可用松针土和沙壤土混合上盆栽种,最好用河水或雨水浇灌。北方常用"矾肥水"来改变土壤的酸碱度。盆土应"间干间湿",春季干燥、风大,在放置处每天早晚各喷1次水,以提高空气湿度。春、夏、秋三季注意遮阴,冬季栀子花处于半休眠状态,室温不宜过高,一般保持在3~15℃,控制浇水,多见阳光,并且注意通风。

栽培 日历

季节	月份	播种	扦插	压条	定植	开花	结果	换盆	施肥	修剪	观赏
春	3										
	4										
	5										
夏	6										
	7										
	8										
秋	9										
	10										
	11										
冬	12										
	1										
	2										

Tips: 栀子花喜湿,故称"水栀子",要求的空气湿度较大,盆花周围每日早晚洒水,以提高空气湿度。

Fuchsia hybrida

9. 倒挂金钟

- 别名　吊钟海棠、灯笼花
- 科属　柳叶菜科，倒挂金钟属
- 产地　墨西哥

形　态　常绿亚灌木；株高达2米；叶对生，多为卵形或窄卵形；花期4—7月。

习　性　喜温暖湿润气候，夏季怕高温炎热，以通风良好、半阴且凉爽的环境为宜，生长最适温度10～25℃，温度超过30℃时对生长极为不利，呈半休眠状态，冬季能耐5℃低温。

种养 Point

春季管理　每年春季进入生长旺季以前，要换盆换土。去掉部分盆土，剪去部分老根，根据植株大小改用大一点的花盆，再补充配制好的较肥沃、疏松的盆土。新栽的植株要放阴凉处几天，然后逐渐移到有阳光处。换盆时如枝条过密，要适当疏剪，保持株型匀称美

观。生长期要经常打顶摘心，以促株型丰满，开花繁多，一般摘心后2～3周即可开花，故常用摘心来控制花期。生长季节每10天施液肥1次，待盆土干时施用，肥料以腐熟饼肥为宜。

夏季管理　夏季气温较高，雨水较多，不利其生长，要将其放在无直射光的阴凉处，注意通风，并每天向植株喷水1次或2次以降温，同时盆土接受的雨水不能太多，以免偏湿。节制浇水，停止施肥。

秋季管理　天气转凉后再逐渐供给肥水。立秋前后要喷施稀薄的饼肥水，秋冬之际，天气渐渐寒冷，气温低于10℃时可进入温室内管理。

冬季管理　霜冻来临前，要移入室内，

室温保持在5℃以上。应给予充足的光照。特别是冬季，温度偏低，增加光照是提高室温的好办法，可将花盆放在向阳的窗台等处。光照以每天6～8小时为宜，这样可使其开花正常。冬季温度低，生长缓慢，蒸腾量小，每5～7天浇1次水。

要诀 Point

度过炎夏是倒挂金钟栽培的关键，应尽量创造凉爽、通风的条件。

解疑 Point

如何使倒挂金钟安全度夏？

盆栽在5—8月的炎热夏季，须移至通风、避雨的阴凉处，这样能避免阳光直射。每天向叶面和花盆周围喷水2次或3次。停止施肥，控制浇水，此时盆土以偏干为宜。由于夏季午间是强阳时间，因此浇水最好在上午11点以前，下午3点以后。

栽培 日历

季节	月份	播种	扦插	定植	开花	结果	换盆	浇水	施肥	修剪	观赏
春	3										
	4										
	5										
	6										
夏	7										
	8										
	9										
秋	10										
	11										
	12										
冬	1										
	2										

Hibiscus mutabilis

10. 木芙蓉

- 别名 芙蓉花、拒霜花、木莲、地芙蓉
- 科属 锦葵科，木槿属
- 产地 中国西南部

形 态 多年生落叶大灌木或小乔木，高2～5米；叶呈宽卵形、圆卵形或心形，直径10～15厘米，常5～7裂；花单生于枝端叶腋间，初开时为白色或淡红色，后变为深红色，直径约8厘米；蒴果呈扁球形，直径约2.5厘米，被淡黄色刚毛和绵毛；种子肾形，背面被长柔毛；花期8—10月。

习 性 喜阳光充足且温暖的气候，耐潮湿，不耐干旱。对环境适应性强，对土壤要求不严。

种养 Point

木芙蓉常用播种、扦插、压条和分株的方式繁殖。

播种在4月进行。木芙蓉种子有纤毛，随风飘动，注意采收。平整后播下种子，上覆细沙，置于半阴处，经常保持湿润，约7天出苗。这时可增加光照，忌烈日曝晒，待长出5片真叶后方可移植。新植苗木须遮阴10天，忌施粪肥、浓肥。2年后开花。

早春剪取粗壮枝条扦插于苗床，1个月后生根，成活容易，当年开花；压条在生长期进行，将枝条埋入土中，不用刻伤，也会生根；分株宜在落叶后至萌发前进行，宜施足基肥，随分随栽，栽种不宜过深，将土填实，并加倍壅，长成新株后比播种、扦插者强盛健壮。

木芙蓉宜选用大盆。盆土可用园土7份、堆肥3份混合配制的培养土。栽后放置在向阳处，保持盆土湿润。发芽后留4~6个壮芽，其余的芽随时摘除，待其长到30厘米高时，留基部两三片叶子，剪去枝梢，促使分枝。生长期除经常浇水和松土外，追施磷钾肥1次，以满足花芽分化的需要。花谢之后在土表5~8厘米处将所有枝条短截，然后放入室内越冬。翌年春季出室前进行倒盆换土，添加新的培养土后重新栽回盆中。放置在阳光充足处进行正常管理。

病虫害　常见病虫害有白粉病、大青叶蝉、棉卷叶螟，发病初期用多菌灵防治。大青叶蝉、朱砂叶螨用三氯杀螨醇，喷药时应对准叶背面，并注意喷洒中下部叶片。

要诀 Point

❶ 开花时要浇足水，以免过早落花。

❷ 冬季室温保持在3~10℃，清明后可移至室外。

栽培 日历

季节	月份	播种	扦插	分株	定植	开花	结果	施肥	修剪	观赏
春	3									
	4									
	5									
	6									
夏	7									
	8									
	9									
秋	10									
	11									
	12									
冬	1									
	2									

Tips: 木芙蓉对二氧化硫、氯气、氯化氢等有一定的抗性。

Plumeria rubra

11. 鸡蛋花

- 别名　缅栀子、蛋黄花
- 科属　夹竹桃科，鸡蛋花属
- 产地　美洲热带地区

形　态　落叶灌木或小乔木，高约5米，最高可达8米；枝条粗壮，带肉质，具丰富乳汁，绿色，无毛；叶厚纸质，呈长圆状倒披针形或长椭圆形，叶面深绿色，叶背浅绿色，两面无毛；聚伞花序顶生，花冠外面白色，里面黄色；蓇葖果双生，绿色，无毛；种子斜长圆形，扁平，顶端具膜质的翅，翅长约2厘米；花期5—10月。

习　性　性喜高温、高湿、向阳和排水良好的肥沃土壤。不耐寒，冬天温度必须在7℃以上方能安全越冬。稍耐阴，较耐干燥。

- -

种养 Point

春季管理　翻盆换土，盆土中加入适量细沙，施足基肥。翻盆后暂不施肥，只浇水，生长季节每月施追肥1次或2次，开花前应施以磷肥为主的薄肥1次或2次，如肥水不足，则开花少或不开花。平时土壤不能过湿，否则容易烂根。

夏季管理　雨季积水或浇水过多又排水不良，均对生长不利，会导致植株黄叶，要特别注意。这个季节还要注意防治病虫害发生。花谢后及时修剪以利再次开花，追施磷钾肥，每10天浇1次0.2%硫酸亚铁溶液，以保持叶色浓绿，花繁叶茂。

秋季管理　入秋后，盆土宜干些，施1次磷钾肥后停止施肥，控制新枝生长，以免秋梢徒长，扰乱树形，有碍翌年开花。应注意及时修剪和合理浇水，使植株生长健壮，以利越冬。

冬季管理 冬季除华南地区外，均入室越冬。温度保持在5～15℃，放到阳光能照射到的地方，并注意开窗通风。每隔2～3天用10℃的温水喷洒叶面1次，盆土宜偏干防湿。

病虫害 鸡蛋花病害较少，但在长期潮湿之后易生锈病，严重时会导致落叶。

鸡蛋花的虫害主要是钻心虫与蚜虫。对于钻心虫，解决方法是直接剪掉已经遭受病害的枝条。蚜虫则可以用杀虫剂清理。

要诀 Point

不能与苹果种在一起，否则会使鸡蛋花落叶。

栽培 日历

季节	月份	播种	扦插	嫁接	压条	开花	结果	换盆	施肥	观赏
春	3									
	4									
	5									
	6									
夏	7									
	8									
	9									
秋	10									
	11									
	12									
冬	1									
	2									

Tips：北方地区的鸡蛋花盆栽宜在10月中下旬移入室内向阳处越冬。

Muehlenbeckia complexa

1. 千叶吊兰

- 别名　千叶草、千叶兰、铁线兰
- 科属　蓼科，千叶兰属
- 产地　新西兰

形　态　多年生常绿藤本植物；植株呈丛生悬垂状或匍匐状，茎细长、红褐色；小叶互生，为心形或圆形；花小，黄绿色。常作垂吊或壁挂观叶盆栽。可吸收大量有害气体，是净化室内空气污染的能手。

习　性　喜温暖湿润，但忌积水，可耐半阴。耐寒性较强，最低可耐0℃左右的低温，但不耐霜降。夏季须适当遮阴。

- - - - - - - - - -

种养 Point

　　千叶吊兰的繁殖以扦插为主，可分株。扦插适宜在生长季节进行，插条取两三节，去掉下部叶片，留一两片叶，扦插在透水性好的基质中，多掺杂些沙或珍珠岩，以利排水。置于阴凉处，注意喷水保湿。扦插可结合修剪进行。

　　夏季注意通风、遮阳，防烈日曝晒。冬季则避免霜雪直接落于植株上。

土　壤　千叶吊兰盆栽的常用培养土为腐叶土（或泥炭土）、园土和河沙等量混合的基质土；每2～3年换盆1次，重新调制培养土。

水肥管理　虽千叶吊兰抗旱力较强，但3—9月生长旺期需水量较大，应经常浇水及喷雾，避免土壤过于干燥，增加环境湿度。秋后逐渐减少浇水量，以提高植株抗寒能力。

　　减少浇水可以增强耐寒能力，积水则容易导致烂根。可适当施加薄肥，如液态肥和观叶植物专用肥。

修 剪 千叶吊兰生长较快，须及时修剪，尤其在光照条件不好、营养缺乏时，容易徒长、分支少，影响美观。剪去过长、过密的枝条及老枝，可促进分枝，使株型紧凑饱满，整体呈球形。

病虫害 千叶吊兰不易发生病虫害，但若盆土积水且通风不良，除会导致烂根外，也可能会发生根腐病，应注意喷药防治。主要病虫害是介壳虫危害，应以预防为主，一般是用50%马拉松乳剂1000～1500倍液每7天喷1次，连续喷两三次即可。另外，可通过修剪过密枝、加强通风透光减少病虫害的发生。

栽培 日历

季节	月份	扦插	换盆	施肥	修剪
春	3	↓	⊔	▢	✦
	4	↓	⊔	▢	✦
	5	↓		▢	✦
夏	6				
	7				
	8				
秋	9	↓		▢	✦
	10	↓		▢	✦
	11	↓		▢	✦
冬	12				
	1				
	2				

Hoya carnosa

2. 球 兰

- 别名　狗舌藤、铁脚板
- 科属　夹竹桃科，球兰属
- 产地　中国南方地区，澳大利亚等地

形　态　多年生常绿藤本多肉植物，攀缘灌木，附生于树上或石上；茎节上生气根；叶对生，肉质，呈卵圆形至卵圆状长圆形；聚伞花序，腋生，花白色，直径2厘米；蓇葖果光滑；花期4—6月，果期7—8月。

习　性　性喜高温、高湿环境。喜阳光也能耐半阴，不耐寒，越冬温度要在8℃以上。

- - - - - - - - - - - - - - - - - - - -

种养 Point

繁殖常用分株或扦插的方式。分株结合春季换盆进行。扦插于夏季，选取半木质化枝条作插穗，也可用芽插。

春季管理　春季栽植宜选用高筒盆。用腐叶土与河沙等混合，另加少量骨粉作基肥，也可用腐殖土、苔藓等作基质。将球兰栽入用多孔容器制成的吊篮、吊盆内，放在室内有明亮散射光处，光照不能过强。幼龄植株宜早摘心，促使分枝，并设支架让其攀附生长。盆栽每年4月换1次盆，换盆时剪去部分老根，剔除陈土，增添新的培养土，以利植株健壮生长。

夏季管理　夏季是生长季节，应放置在半阴环境下生长。除正常浇水保持盆土稍湿润外，还须经常向叶面喷清水，以保持较高的空气湿度，方能生长良好。生长旺季每1～2个月施1次稀薄液肥。夏季还可以选取半木质化枝条作插穗进行扦插繁殖，也可用芽插。浇水不能过多，否则易引起根系腐烂。对已着生花蕾和正在开花的植株，不能随意移动花盆，不然易引起落蕾落花。

秋季管理　秋季须保持较高空气湿度。花谢之后要任其自然凋落，不能将花茎剪掉，只能摘除花朵及花梗，不可损坏花序总梗。因为来年的花芽大都还会在同一处萌发，若将其剪除就会影响翌年的开花数量。这一点也正是许多人培养的球兰不开花或开花很少的一个原因。

冬季管理 除华南温暖地区外，盆栽须温室越冬，最低温度应保持在10℃以上。冬季的浇水量要减少。

要诀 Point

❶ 浇水不能过多，否则易引起根系腐烂。

❷ 对已着生花蕾和正在开花的植株，不能随意移动花盆，不然易引起落蕾落花。

❸ 花谢之后要任其自然凋落，不能将花茎剪掉。

栽培 日历

季节	月份	换盆	分株	扦插	遮阴	虫害	开花	施肥
春	3	●	●			●		●
	4	●	●			●		●
	5	●	●	●			●	●
夏	6			●	●		●	●
	7			●	●		●	●
	8			●	●		●	●
	9			●	●		●	
秋	10							
	11							
	12							
冬	1					●	●	
	2					●	●	

Tips: 若环境过分干燥，球兰开花会受影响，叶片也会失去光泽。适宜的环境湿度范围在60%～80%。此外，球兰根系发达，生长较快，若发现植株生长速度放缓，可能是根系已经长满花盆，需要更换大一点的空间。

Hedera nepalensis var. *sinensis*

3. 常春藤

- 科属　五加科，常春藤属
- 产地　原产欧洲、亚洲和北非。中国陕西省、甘肃省，黄河流域以南至华南地区、西南地区都有分布

形　态　多年生常绿木质藤本；匍匐攀缘茎，具气生根，幼嫩枝被锈色鳞片状柔毛；叶片互生、革质，叶柄较长，叶片变异大，营养枝叶片呈三角形、卵形或戟形，3～5浅裂或全缘，基部心形，生殖枝叶片呈椭圆状卵形，全缘；两性花，绿色，伞房花序，小花球形；浆果球形，具核；花期5—8月，果期9—11月。

习　性　喜温暖、湿润气候，喜光照，较耐阴。不耐热，不耐寒。耐贫瘠。

种养 Point

土　壤　喜疏松、肥沃的沙壤土，忌盐碱性土壤。采用园土和腐叶土等量混合的或腐叶土、泥炭土、细沙土和基肥配制而成的培养土，水苔栽培也可。

光　照　常春藤喜光耐阴，忌阳光直射，否则易致日灼。秋季至翌春光照不足，为了使植株健壮，叶色鲜亮，应放置在光线充足的地方。

温　度　生长适宜温度为20～25℃。室内盆栽时，夏季注意通风降温，冬季室内温度最好保持在10℃以上，最低不能低于5℃，否则会发生冷害或冻害。

浇　水　生长季节保持盆土湿润，但不能过于潮湿，否则会引起烂根落叶。浇水"见干见湿，干湿相间"。夏季高温，为了保持周围空气湿度，须向叶面和地面喷水。冬季控制浇水，北方冬季干燥，可每周用室温清水喷湿1次。

施　肥　生长期每2～3周施1次稀薄饼

肥水或复合肥水。一般夏季和冬季不施肥。切忌偏施氮肥，否则花叶品种叶片会退化为绿色。生长旺季可向叶片喷施1次或2次磷钾肥水，注意肥液不要留在叶片上，会造成肥害。

病虫害 春季注意防治蚜虫。高温干燥、通风不良时，注意防治红蜘蛛、螨虫和介壳虫。高温多湿季节注意防治灰霉病和介壳虫。病虫害防治要以防为主，以治为辅，治要及时，保持环境的通风可以减少病虫的危害。

栽培 日历

季节	月份	扦插	分株	压条	开花	结果	换盆	浇水	施肥	修剪	病虫害	观赏
春	3									●	●	●
	4										●	●
	5				●				●			●
夏	6	●			●				●			●
	7	●			●				●		●	●
	8	●			●				●		●	●
秋	9	●				●			●			●
	10					●						●
	11					●						●
冬	12											●
	1											●
	2									●		●

Clematis florida

4. 铁线莲

- 别名　威灵仙、转子莲、铁扫帚
- 科属　毛茛科，铁线莲属
- 产地　中国、日本

形　态　落叶或常绿宿根藤本植物；叶对生，园艺种多为一、二回三出复叶，披针形，靠叶柄缠绕攀缘；数十根棕黄色肉质根，直径可达0.5～1厘米，根的数量是苗龄、品质的判断依据；花瓣呈披针形或卵圆形，花形花色丰富，有重瓣品种；花期早春至初夏，部分品种秋季会二次开放。铁线莲是世界著名花卉，有"藤本皇后"的美誉，近年园艺种多被引入国内。

习　性　喜阳，耐寒，喜凉爽，最低可耐-20℃低温，有耐热品种、耐阴品种等，在选择品种时要挑选适宜当地气候及种植朝向的品种。肉质根喜凉爽、喜肥、不耐积水，需要透气性很好的腐叶土，可加入饼肥、骨粉、鸡粪作底肥。

种养 Point

干透浇透，施肥薄而勤，注意搭建牵引架、支撑架供盘绕。

修　剪　花后修剪至花以下第2节至第3节处。

铁线莲在冬季落叶后的修剪可分为3类。

（1）早花型铁线莲早春着花于去年老枝，只须小幅修剪，去除老弱枝、过密枝。

（2）早花大花型铁线莲保留可以开出早花的老枝，并刺激新枝生长以开出晚花，剪去顶端以下20～25厘米，适当调整株型，保留整株的2/3至3/4。

（3）晚花型铁线莲所有花着生于当年新枝，需要强剪。在冬季休眠时剪至离基部15～30厘米。

要诀 Point

❶ 每1~2年需要换盆1次，在冬季休眠期进行，将底部盘结的根轻轻散开，加入缓释肥或有机肥作底肥。注意底肥不要直接接触根系。

❷ 由于是肉质根，要尽量选择透气、大小适当、适合根系强弱情况的花盆，盆底铺透水层，以促进盆土干湿循环，防止积水。地栽也要选择透气、排水良好的土壤。

❸ 铁线莲喜阳，却不耐高温，夏季炎热时应适当遮阴，一般深色系较耐晒，而浅色系更须遮阴。铁线莲根部喜凉爽，可以在土面铺松鳞、卵石。

❹ 适当深植，定期浇灌杀菌药水，可防枯萎病的发生。

❺ 如果购买的是裸根苗，种植的第一年只能轻剪，而种植1年后不论是哪一型品种，都应在冬季强剪1次，促使长出健壮的新枝。

栽培 日历

季节	月份	选购	播种	定植	扦插	牵引	修剪	开花	施肥	休眠
春	3	●		●		●		●	●	
	4	●		●	●	●	●	●	●	
	5	●		●	●	●	●	●		
夏	6	●						●		
	7	●						●		
	8							●		
秋	9	●	●	●				●		
	10	●	●	●				●	●	
	11			●					●	
冬	12						●			●
	1						●			●
	2						●			●

Tips: 在家里种养铁线莲时，注意为其提供支撑物，适时牵引。因铁线莲靠叶柄卷曲缠绕攀爬，若长时间不去牵引，任其生长，就会造成新枝纠缠，影响植株生长开花。

Trachelospermum jasminoides

5. 风车茉莉

- 学名　　络石
- 别名　　络石藤、万字茉莉
- 科属　　夹竹桃科，络石属
- 产地　　中国黄河流域以南地区

形　态　常绿木质藤本，长达10米，具乳汁；茎赤褐色，圆柱形，有皮孔；小枝被黄色柔毛，老时渐无毛；叶革质或近革质，呈椭圆形、卵状椭圆形或宽倒卵形；花顶生或腋生成簇，白色带香味；花期3—7月。可作地被、攀缘或盆栽造景。

习　性　喜阳、耐半阴，适应性强、病虫害少。但要使叶色鲜亮则应加强光照条件，以明亮的散射光为佳。耐寒耐旱，喜较高空气湿度。排水良好的酸性、中性土壤均可。我国长江以南地区可露天种植。

种养 Point

　　风车茉莉十分容易扦插成活，全年均可进行，春、秋两季成活率最高，扦插深度以叶基部靠近土壤为宜。商业上也可使用组织培养法繁殖。

　　风车茉莉在上盆后的两三天是不能直接见光的，要让其在阴凉的地方先缓一缓，期间的浇水不能少，待植株逐渐生长正常后，再将其移到有阳光的地方养护，尽量避开强光处。风车茉莉要生长成熟才能忍受曝晒，不然很容易就会发蔫。

春季管理　春季进行强剪，以促进萌发色彩鲜艳的新枝，使株型紧凑，对于地被用途的风车茉莉，强剪也能控制高度，保持直立性。

夏季管理　适当遮阴，避免阳光直射，保持空气湿度。可少量施加氮肥，平时粗放管理即可。

秋季管理　可适量追施磷钾肥，促使叶片颜色鲜艳，植株健壮。10月以后禁止修剪。

冬季管理 冬季控水，避免积水烂根。我国长江以南地区可露天过冬，较冷地区在向阳背风处过冬。

浇 水 家养花风车茉莉，应视土的干湿程度浇水，掌握"不干不浇，浇则浇透"的原则，见土微显干即可浇水，夏季保持盆土湿润，冬季控制水分，切记不能渍水，以防烂根烂苗。

施 肥 施肥主要发生在春季和秋季。如果是盆栽，主要用磷肥和钾肥。如果是地栽，主要用复合肥。

病虫害 如发生叶斑病，须剪掉病叶，集中清理，然后喷洒波尔多液以治疗，之后还要使用一些磷钾肥。防治朱砂叶螨可施氧化乐果溶液，每7天1次，两三次即可。

栽培 日历

季节	月份	扦插	开花	结果	修剪	施肥
春	3	✓			✓	✓
	4	✓	✓		✓	✓
	5	✓	✓		✓	✓
	6		✓			
夏	7					
	8					
秋	9			✓		✓
	10			✓		✓
	11			✓		✓
冬	12					
	1					
	2					

Tips: 对于家庭园艺而言，风车茉莉是适合盆栽的优良观赏植物，它的观赏期长、无须经常更换、成本低廉，将其置于阳台、室内书架上或墙壁可作立体装饰。风车茉莉可随意修剪、组合造型，将其藤蔓扎成亭、塔、花篮等，别有一番野趣，可以为家居生活增色。

Verbena bonariensis

1. 柳叶马鞭草

- 别名　南美马鞭草、长茎马鞭草
- 科属　马鞭草科，马鞭草属
- 产地　南美洲巴西、阿根廷等地

形　态　多年生草本植物，株高约1.5米；茎直立；叶对生，呈线形或披针形，先端尖，基部无柄，绿色；由数十朵小花组成聚伞花序，顶生，小花为蓝紫色；花期5—9月。

习　性　喜欢温暖湿润的气候，要求阳光充足。生长适宜温度为20～30℃，不耐寒，10℃以下生长较迟缓。对土壤的要求不是很高，排水良好即可。耐旱能力强，需水量中等。

种养 Point

柳叶马鞭草可以通过播种、扦插的方式繁殖。种子的发芽适温为20～25℃，春、夏、秋三季均可，播种后10～15天发芽。扦插繁殖则以春、夏两季为适期，以顶芽插为佳，扦插极容易发根，扦插后约4周即可成苗。

播种后约45天，真叶达到2对或3对，根系成团，方可移栽。移栽后2周，可以通过打顶的方式促进分枝和株型美观，同时也能增加以后的开花量。

光　照　柳叶马鞭草喜欢阳光充足的环境，家庭种植时，要将其放于向阳的阳台或者窗边。但夏季高温时节要避免烈日曝晒，可进行适当遮阴。

温　度　不耐寒，冬季应放在室内向阳处，温度最低在5℃以上，才可安全越冬。

浇　水　柳叶马鞭草非常耐旱，因此养护过程中"见干见湿"，不可过度浇水，土壤过湿反而会引起烂根。

施　肥　生长季节可每月施薄肥1次。柳叶马鞭草喜肥，如定植前施足基肥，则后期可不再施肥。炎热夏季不施肥，否则会导致枝条过度生长。

病虫害　缺铁元素或土壤pH值高于6.8将导致叶片表面出现花叶褪绿现象，即缺铁症。可通过增施硫酸亚铁来降低pH值。干旱季节主要有红蜘蛛危害。红蜘蛛可用40%三氯杀螨醇乳油1000～1500倍液、20%螨死净可湿性粉剂2000倍液或15%哒螨灵乳油2000倍液喷雾防治，均有较好的效果。

栽培 日历

季节	月份	扦插	定植	修剪	观赏
春	3	✱	✱		
	4	✱	✱		
	5	✱			
夏	6	✱			✱
	7	✱			✱
	8	✱	✱		✱
秋	9		✱	✱	✱
	10			✱	✱
	11				
冬	12				
	1				
	2				

Tips：根据柳叶马鞭草的观赏特点，建议在庭院中成片栽植欣赏，但因为该植物是蜜源植物，所以在栽培过程中很容易被昆虫传粉，造成和同属的巴西马鞭草杂交。杂交后长成的植株叶片较宽，开花时花期短，花色暗，基本没什么观赏价值。若想清除种子繁殖的柳叶马鞭草宽叶杂株，必须在定植后1个月左右进行清理工作。

Rosmarinus officinalis

2. 迷迭香

- 别名　海洋之露、艾菊
- 科属　唇形科，迷迭香属
- 产地　欧洲及北非地中海地区

形　态　多年生灌木，高可达2米；茎及老枝圆柱形，皮层暗灰色；叶常常在枝上丛生，具极短的柄或无柄，叶片生长浓密，针形，长1～2.5厘米，先端钝，基部渐狭，全缘，向背面卷曲，革质；花近无梗，对生，少数聚集在短枝的顶端，组成总状花序，花冠为蓝紫色；花期为春季、夏季。

习　性　喜阳光充足和温暖干燥的环境，既耐旱，又耐寒，怕积水。适宜在排水良好、含有石灰质的沙壤土中生长。生长适温20～30℃，大部分品种冬季可耐-5℃的低温。

种养 Point

迷迭香以扦插繁殖为主，少有播种繁殖。扦插可选取较健康的枝条，在从顶端起10～15厘米处剪下，去除枝条下方约1/3的叶子，直接插在土壤中，土壤保持湿润，约20天即可生根。播种繁殖的发芽适温为15～20℃，将种子直接播在土壤上，不需要覆盖，2～3周后发芽。

春季管理　每年春季换盆1次，盆土可用沙和土的混合，并掺入骨粉等石灰质材料。

夏季管理　须适当遮阴。要适当控制水分，切勿让土壤积水。

秋季管理　秋季生长期每月施1次腐熟的稀薄液肥。

冬季管理　越冬时，可将盆栽放到背风处，或者将盆埋入地里。

病虫害　根腐病、灰霉病等是迷迭香常见病害。若栽培基质潮湿时迷迭香植株出现萎蔫，则需要把植株立即移出温室。最常见的虫害是红叶螨和白粉虱，最理想的方法是使用生物防治。应重在预防，可以从卫生状况、合适的水分管理、合理的温度和光照上着手，并且须经常观察、及时淘汰病弱株。

要诀 Point

❶ 迷迭香的叶腋都有小芽，若发育成枝条，会使得株型杂乱，影响通风采光，容易滋生病虫害，因此要定期修剪。

❷ 从小苗长到十几厘米，须进行3次或4次摘心，以控制株高，促进多发侧枝，使株型饱满优美。

栽培 日历

季节	月份	播种	定植	扦插	施肥	收获
春	3	🌱				
	4	🌱				
	5		🧍		▯	🏃
夏	6				▯	🏃
	7					🏃
	8					🏃
秋	9	🌱			▯	
	10			✂	▯	
	11			✂		
	12					
冬	1					
	2					

Tips：迷迭香在采收后须追施氮肥；每年春季还须将枝头剪去，使整体植株生长繁茂。

Salvia japonica

3. 鼠尾草

- 别名　一串兰、蓝丝线、粉萼鼠尾草
- 科属　唇形科，鼠尾草属
- 产地　北美南部地区

形　态　一年生草本植物；须根密集；茎直立，高40～60厘米，钝四棱形，具沟；茎下部叶为二回羽状复叶，上部叶为一回羽状复叶，侧生小叶呈卵圆状披针形；轮伞花序组成伸长的总状花序或分枝组成总状圆锥花序，花序顶生，花冠为淡红色、淡紫色、淡蓝色或白色；小坚果呈椭圆形，褐色，光滑；花期6—9月。

习　性　喜温暖、湿润和阳光充足的环境，耐寒性强，怕炎热、干燥。宜在疏松、肥沃且排水良好的沙壤土中生长。

种养 Point

鼠尾草多为播种繁殖或扦插繁殖。种子的发芽适温为22～24℃，播后20～25天发芽。株高5～10厘米时须疏苗，柱距20～30厘米。苗高15厘米时，定植于口径10厘米的盆内并摘心。扦插的插条宜选用枝顶端不太嫩的茎梢，长5～8厘米，将枝条插于沙壤土或珍珠岩的苗床，插深约3厘米，株距约5厘米，行距8～10厘米，保持土壤湿润，20～30天生根。

土　壤　土壤选择透气性好的园土加有机肥和复合肥，也可用泥炭7份加园土3份混合，可加适量铵态肥料，带土定植于口径10厘米以上的营养钵中。

水肥管理　生长期施用稀释1500倍的硫铵，效果较好，低温下不要施用尿素。为使植株根系健壮和枝叶茂盛，在生长期每15天施肥1次，可喷施磷酸二氢钾稀释液，保持盆土湿润，花前增施磷钾肥1次。

❷ 在开花前期，增施磷钾肥1次。

❸ 花后及时摘除凋谢的花序，有利于植株抽枝继续开花。

❹ 种子成熟的时期不一致，须边熟边采。

要诀 Point

❶ 播种后须间苗1次或2次，生长期每半个月施肥1次，并且要保持盆土湿润。

栽培 日历

季节	月份	播种	定植	扦插	开花	施肥	观赏
春	3	✓					
	4	✓	✓	✓		✓	
	5	✓	✓	✓		✓	✓
夏	6		✓	✓	✓		✓
	7				✓		✓
	8				✓	✓	✓
秋	9						✓
	10					✓	✓
	11		✓			✓	
冬	12		✓			✓	
	1						
	2						

Tips: 在进行家庭种养时，若鼠尾草进入末花期，可对植株进行重剪，摘除花序，修剪后30～40天植株可实现二次开花，能够有效延长观赏期。

Jasminum sambac

4. 茉莉花

- 科属　木樨科，素馨属
- 产地　中国西部和印度、伊朗

形　态　多年生常绿攀缘灌木；高达3米；叶对生，单叶，叶片纸质，呈圆形、椭圆形、卵状椭圆形或倒卵形；聚伞花序顶生，白花小巧玲珑，尤其芳香；果呈球形，紫黑色，直径约1厘米；花期6—10月，果期7—9月。

习　性　喜阳光充足，性畏寒，怕霜冻，适宜温度为25～35℃，适宜微酸性沙壤土，不耐湿涝和碱土，嗜肥。盆栽茉莉应置于光照充足、空气流通且可避免西北风吹袭的地方培植。

种养 Point

春季管理　盆栽茉莉花每年应进行1次翻盆，翻盆工作季节性较强，一般于春发前结合整枝、摘叶进行。翻盆要对植株进行修剪，有利通风透光，减少枯枝现象。注意每日浇水，保持湿润，切不可过多浇灌。

夏季管理　茉莉花在5月上中旬，随着新枝的抽生，会出现第1次花蕾，这次花蕾数量不多，每序仅一两朵，花少、质量差，将这次的花蕾摘除，有利于以后的开花。7—8月盛暑季节，也是茉莉花盛花期，此时肥水需要充足，可早晨浇1次水，傍晚浇1次淡粪水。夏季高温、高湿、强阳光时所开出的花朵香气最浓。

秋季管理　9月以后，气温下降，茉莉花生长减弱，只须每天早晨浇1次水。秋凉后停止用肥。

冬季管理　冬季再施1次饼肥，放在阳光充足之处，夜晚室温维持在5～8℃为宜。冬季还要注意节制浇水，盆土如不太干就不要浇水，如浇水过量，往往容易引起烂根。

病虫害 虫害主要有红蜘蛛和卷叶蛾，危害枝梢嫩叶，要及时防治。红蜘蛛繁殖能力强，容易产生抗药性，应及时用药和轮换用药。

解疑 Point

要想让茉莉花连续开花应怎样养护?

要想茉莉花连续开花，修剪工作相当重要。花谢后应立即短截花枝，每枝留下三四节，促使腋芽萌发，形成新的花枝。每年清明节过后结合翻盆换土进行1次强修剪，才能在新的一年里不断开花。

栽培 日历

季节	月份	扦插	压条	更新	修剪	疏叶	开花	定植	施肥
春	3				✂			✿	
	4		✿		✂				
	5	✎	✿						▢
夏	6	✎	✿			✂	❀		▢
	7					✂	❀		▢
	8					✂	❀		▢
秋	9						❀	✿	
	10						❀		
	11								
冬	12								▢
	1								▢
	2			❀					▢

Tips: 茉莉花既怕旱又怕涝，若盆中积水，土中缺氧，影响根系正常活动，会产生闷兜现象；而浇水过多，对花质也会产生不良影响，影响观赏。

Mentha canadensis

5. 薄 荷

- 别名　野薄荷、人丹草、夜息香
- 科属　唇形科，薄荷属
- 产地　中国

形　态　多年生草本植物，全株气味芳香；茎直立，高30～60厘米；叶片呈长圆状披针形，对生；轮伞花序腋生，花冠淡紫色，唇形；小坚果呈卵珠形，黄褐色；花期8—10月，果期10月。

习　性　喜温暖湿润的环境，不耐干旱，生长适宜温度20～30℃。属长日照植物，喜阳光充足。适宜中性土壤，pH值为6.5～7.5的沙壤土、壤土或腐殖质土均可种植。

种养 Point

薄荷常采用根茎、分株或扦插的方式进行繁殖。

根茎繁殖是在3—5月挖取粗壮、色白的根状茎，剪成长10厘米左右的根段，埋入盆土中，经20天左右就能长出新株。

分株繁殖则是在3—5月苗高15厘米时，将苗挖起，移栽。移植地按行距20厘米、株距15厘米挖穴，每穴栽秧苗2株。栽后盖土压紧，浇水。大面积栽培多用此法。

扦插繁殖在4—5月，将地上茎枝切成10厘米的小段作插条。在整好的苗床上，扦插育苗。

每年春天进行换盆，若发现植株长势不旺，须进行更新修剪。盆栽基质可用腐叶土、园土、砻糠灰或粗砂等材料配制，同时施入有机肥作基肥，在pH值为5.3～8.3时可以种植，但在pH值为6.5～7.5时生长最好。

生长期应充足浇水，保持盆土湿润，但忌湿涝。生长期每月施1次肥料，肥料以氮为主，磷、钾为辅。生长过程中，若茎干过高须进行摘心，或用多效唑溶液进行叶面喷施来控制高度。

要诀 Point

❶ 喜充足的阳光。充足光照有利于香气的形成，家庭种植时，宜置于阳台或向阳的窗台。

❷ 雨后要及时倒去盆中的积水，避免盆土过湿导致植株徒长、叶片变薄、根系发育不良等。

栽培 日历

季节	月份	播种	根茎繁殖/扦插	开花	中耕	排灌	摘心	施肥	病虫害	观赏
春	3	●	●		●			●		
	4	●	●		●			●		●
	5	●	●				●		●	●
夏	6				●			●	●	●
	7					●				●
	8			●		●				●
秋	9		●	●				●		●
	10		●	●					●	●
	11		●							●
冬	12									
	1									
	2							●		

Tips: 家庭种养薄荷，可置于花盆、庭院中，既可以闻其芬芳，也可以泡茶、做菜，还可以观赏。这里为您介绍几种薄荷的妙用。①缓解感冒。将碾碎后的薄荷汁液涂于人中和鼻翼两侧，或者太阳穴附近。②消肿止痛。轻微牙疼的时候，嚼薄荷叶；薄荷泡澡可缓和肩膀酸痛和神经痛。③止痒驱蚊。若被蚊虫叮咬了，在皮肤上涂抹薄荷汁，能达到清凉、止痒、缓解肿痛的作用。

Ocimum basilicum

6. 罗 勒

- **别名** 九层塔、金不换、甜罗勒、兰香
- **科属** 唇形科，罗勒属
- **产地** 非洲、美洲及亚洲热带地区

形 态 一年生草本植物，高20～80厘米，植株具浓烈芳香，味似茴香；茎直立，钝四棱形；叶呈卵圆形或卵圆状长圆形；总状花序顶生于茎、枝上，各部均被微柔毛，花冠淡紫色；小坚果呈卵珠形，黑褐色；花期6—9月，果期9—12月。

习 性 喜阳光充足、温暖湿润的气候，耐干旱、不耐涝、不耐寒，以排水良好、肥沃的沙壤土或腐殖质壤土为佳。

种养 Point

罗勒常采用播种或扦插方式进行繁殖。播种时期以5月中旬为宜，将种子均匀播入土中，覆薄土一层，播后浇水。

扦插则是在25℃左右时，剪取5～10厘米长的枝条，将基部插入土壤中，放在阴凉的地方并保持土壤水分潮湿。

罗勒适合全日照及通风排水良好的地方，土壤保持湿润、肥沃、碱性为佳。

浇 水 罗勒需要足够的水分，因此要按时浇水。

施 肥 罗勒的生长速度比较快，须吸取丰富的养分，每10～15天要少量施1次氮磷复合肥，做到薄肥勤施。

修 剪 成株后，可以适当摘除枝叶，这样会促使植株枝叶越来越茂密。

病虫害 在虫害方面，主要有蚜虫、蛞蝓等。可喷水驱离蚜虫，蛞蝓可在距植株基部5厘米处绑铜片，由于铜片与蛞蝓黏液作用，致使入侵昆虫退却。在病害方面，甜罗勒品种对于真菌性萎凋病呈高度感染，病原菌从根的微管束侵入，阻害植株生育，导致叶片萎凋。

要诀 Point

❶ 罗勒是一种深根植物，选择高度较高的花盆比较适合。

❷ 罗勒开花时，可以把花序及时摘掉，以促生更多的新叶。

❸ 罗勒忌积水，忌烈日，因此要提供排水条件佳、日照充足而又不会曝晒的环境。

栽培 日历

季节	月份	播种	扦插	开花	结果	收获（制取精油）	收获（食用）	病害
春	3							
	4						✦	✦
	5	✦					✦	✦
夏	6	✦	↓	❀				
	7		↓	❀	♡			
	8		↓	❀	♡	✦		
	9			❀	♡	✦		
秋	10				♡	✦		
	11							
	12							
冬	1							
	2							

Tips: 罗勒集观赏、食用、药用于一身，是家庭种养香草类植物不可或缺的选择。其花朵艳丽，植株可盆栽供观赏；嫩梢、嫩叶可炒食、凉拌、煮汤、调味等，味道独特；植株含有芳香成分，其叶片、嫩芽、花可提神醒脑。

Daphne odora

7. 瑞　香

- 别名　瑞兰、千里香、蓬莱紫、风流树、睡香
- 科属　瑞香科，瑞香属
- 产地　中国长江流域及以南各省

形　态　常绿直立小灌木；枝粗壮，常二歧分枝，小枝无毛，紫红色或紫褐色；叶互生，纸质，呈长卵形或长圆形；头状花序顶生，花外面淡紫红色，里面肉红色；果实为红色；花期2—3月，果期7—8月。

习　性　喜凉爽湿润、排水良好、半阴的林缘环境，喜冬暖夏凉。冬春需阳光，夏季偏阴。畏寒，忌烈日曝晒，怕风雨。如夏季暴雨，一淋一晒，容易死亡。萌芽力强，耐修剪，易造型。

种养 Point

　　瑞香盆栽用土须富有腐殖质，排水良好。可用山泥，如用塘泥要掺河沙。施肥要沤熟稀薄，也可用饼肥、颗粒肥以及磷酸二氢钾。可施腐熟的禽畜粪、油粕等基肥。花前及生长期，每隔7天施肥1次。冬天应置室内，室温要在8℃以上。生长季节要给水适度，过干过湿，皆非所宜。

要诀 Point

❶ 瑞香根为肉质，耐干恶湿，忌生碱土。
❷ 不论扦插还是嫁接，进行后必须遮阴20天才能提高成活率。

解疑 Point

如何让瑞香安全越夏？

❶ 遮阴。瑞香喜半阴环境，忌阳光曝晒，应放置在有充足的散射光处栽培。
❷ 防雨淋。应在暴雨前及时把瑞香移到

能免遭雨淋的地方。

❸ 防止浇水过量，盆土过湿。频繁的浇水会使盆土处于过湿的状态，从而引起根系腐烂、叶片下垂和失去光泽，若不及时抢救，很快便会死亡。

❹ 忌施浓肥。瑞香不耐浓肥，施肥过浓会使植株逐渐枯萎，甚至很快死亡。

❺ 叶面喷水。瑞香喜湿润环境，夏季应多向枝叶洒水以提高空气湿度。

栽培 日历

季节	月份	扦插	定植	开花	造型	施肥	病害
春	3			🌸			
	4	✄		🌸			🦗
	5			🌸	🪟		🦗
夏	6	⚡			🪟		
	7	⚡			🌀		🦗
	8	⚡			🌀		
	9	⚡			🌀		🦗
秋	10	⚡				🪟	
	11					🪟	
	12					🪟	
冬	1				🌀		
	2	⚡			🌀		

Tips: 瑞香种类繁多，有红花瑞香、紫花瑞香、金边瑞香、蔷薇瑞香等。其中，金边瑞香是瑞香的变种，以"色、香、姿、韵"四绝蜚声世界，是世界园艺三宝之一。金边瑞香花期正值春节，更易受到人们的喜爱，将其栽植在家中，赏花色美丽，闻极致香味，同时也承载人们"瑞气盈门""花开富贵"的美好愿望，是不可多得的优良家庭盆栽花卉植物！

Aglaia odorata

8.米 兰

- 学名　米仔兰
- 别名　树兰
- 科属　楝科，米仔兰属
- 产地　中国南部各省，以及东南亚地区

形　态　常绿灌木或小乔木；茎多小枝，幼枝顶部被星状锈色的鳞片；叶长5～12厘米，有小叶3～5片，小叶对生，厚纸质；圆锥花序腋生，长5～10厘米，稍疏散无毛，花芳香，直径约2毫米；果为浆果，卵形或近球形，长10～12毫米，初时被散生的星状鳞片，后脱落；种子有肉质假种皮；花期5—12月，夏季、秋季最盛，果期7月至翌年3月。

习　性　喜充足阳光，特别在生长期和盛花期，每天至少要有4小时的日照。又喜温暖气候，适宜温度为30℃左右，20℃时生长缓慢，育蕾受到抑制；5℃时植株进入休眠期；0℃时会受到冻害，甚至死亡。米兰在温暖多湿的地区和肥沃土地上生长，最怕寒冷和干旱。

种养 Point

春季管理　浇水要"见干见湿"，气温高浇大水，气温低浇小水。春季应先施稀薄氮肥1次，然后隔半个月再施1次，以促进枝叶生长；5月起进入生长期后，可施用以磷肥为主的液肥，促进其孕育花蕾。

夏季管理　夏季要放在向阳处，施足肥水，适当修剪整形，出花蕾后要继续多施磷肥。花后要进行修剪，剪去徒长枝、重叠枝、细弱病虫枝等。

秋季管理　立秋前后要喷施稀薄的饼肥水，10月应停止施肥，减少浇水次数。

冬季管理　冬季入室。见直射光，室内要注意通风，室温一般保持在10～12℃为宜。

病虫害　常见病虫害为炭疽病、介壳虫等。炭疽病用硫菌灵、多菌灵等防治；介壳虫用乐果、三硫磷等防治。

要诀 Point

最适温度为20℃，冬季室温保持在10℃以上，但不宜超过15℃，否则影响开花。

解疑 Point

米兰冬季落叶如何挽救？

可将植株从盆内磕出，剥掉土坨外围1/3的土壤，剔除烂根、枯根，并剪去一半枝条，重新上盆浇透水，放在室温12℃以上的向阳处，罩上塑料袋保湿，经过一段时间养护后就会重新长出新枝条。

栽培 日历

季节	月份	压条	扦插	开花	修剪	病虫害	施肥
春	3						
	4		↓		✂		
	5	※	↓				🧪
夏	6	※	↓	❀	✂	🔫	🧪
	7		↓	❀	✂	🔫	🧪
	8		↓	❀	✂	🔫	🧪
	9		↓	❀		🔫	🧪
秋	10		↓			🔫	
	11		↓		✂		
冬	12						
	1						
	2						

Tips: 米兰好肥，但不能忍受浓肥，最好能够做到薄肥勤施，尤其是春天开始追肥时，忌施浓肥。在肥水中亦应增加适量的过磷酸钙，有利于提高花的质量。

Lavandula angustifolia

9. 薰衣草

- 别名　香水植物、灵香草、香草
- 科属　唇形科，薰衣草属
- 产地　地中海沿岸、欧洲各地及大
　　　　洋洲列岛

形　态　常绿半灌木或矮灌木；株高30～40厘米；叶呈线形或披针状线形，在花枝上的叶较大，在更新枝上的叶小；轮伞花序在枝顶聚集成间断或近连续的穗状花序，花茎细高，花为蓝紫色；小坚果光滑；条件适合的话一年四季均可开花，主要花期在冬季至翌年春季。

习　性　适应充足的阳光及适湿环境，但应避免强光曝晒。耐寒、耐旱，喜干忌湿，大水容易沤根。对土壤要求不严，耐瘠薄，喜中性偏碱土壤。最佳生长和开花温度为15～30℃。

种养 Point

薰衣草可采用扦插、播种和分株的方式进行繁殖。

扦插在春季、秋季均可进行，一般在秋季15～25℃时最宜。选取节距短且粗壮的未抽穗的一年生半木质化枝条，于顶端8～10厘米处截取作为插穗。插穗切口应靠近茎节处，剪口要平滑。摘除下部3厘米叶片，保留其他叶片。插在疏松、透气、透水的基质中（比如珍珠岩和泥炭的混合基质），保持适当的湿度，十余天就会生根。

种子的发芽适温为18～24℃，一般在3—6月播种。种子因有较长的休眠期，要提前在2～5℃条件下低温处理70天。播种前温水浸种12小时，然后用20～50毫克/千克赤霉素浸种2小时后再播种。在15～25℃条件下，约10天即出苗。

分株在春季、秋季均可进行，用三年生或四年生植株的成株老根进行分割，每枝带芽眼。

育出的小苗长出4～6片真叶后，就可以上盆了。移植后浇透水并遮阴几天。春季生长迅速，可按月追施氮磷钾复合肥，配制溶液浇灌，浓度1%即可。

薰衣草无法忍受炎热和潮湿，夏季要进行遮阴，同时要保持通风，适度降温。为了得到更好的株型，要控制高度防止徒长，在夏末秋初适当修剪，促发新枝。冬季要给予薰衣草全日照，并注意补充水分。

栽培 日历

季节	月份	播种	扦插	定植	施肥	开花	修剪	观赏
春	3	●	●	●	●			●
	4	●	●		●			●
	5	●	●		●			●
夏	6	●				●		●
	7					●		●
	8					●		●
秋	9		●				●	●
	10		●	●				●
	11		●					●
冬	12							
	1							
	2							

Tips: 薰衣草浇水是有讲究的。首先是浇水时间，宜在早上进行，避开阳光。此外，在植株定植至成活及生长过程中的现蕾、抽穗至初花期应及时浇水，不能受旱。其次是浇水量，该植物根部不喜有水滞留。浇透水后，应待土壤干透后再给水，使土壤表面干燥，内部湿润。水尽量不要溅到叶片和花上，否则易引起腐烂，滋生病虫害。薰衣草的修剪也有讲究，注意不要剪到木质化的部分，以免植株衰弱死亡。

多肉多浆花卉

Epiphyllum oxypetalum

1. 昙 花

- 别名　月下美人、琼花、韦陀花
- 科属　仙人掌科，昙花属
- 产地　墨西哥至巴西的热带森林

形　态　多年生附生性灌木状多浆植物；花期6—9月。

习　性　喜温暖、湿润，不耐寒，忌强光，耐旱而怕涝，好生于半阴的环境。喜疏松且富含腐殖质的微酸性沙壤土。适宜温度13～20℃。

种养 Point

春季管理　种植盆土用腐叶土、粗砂、草木灰等配制，并适当加腐熟饼肥或骨粉作基肥，盆底最好多垫些瓦片或石砾。宜放在半阴处，避免强光直射，否则植株会萎缩发黄，过阴或过湿会引起植株徒长，以致花少或无花。生长期适当追肥，每月施饼肥水1次。可在盆土较干时浇淘米水，简便易行。

夏季管理　生长季节特别是花蕾出现后，应充分浇水，但盆土不要过湿，夏季可在早晚喷水；现蕾后增施磷肥1次或2次，花后不应多浇水。开花期间置于阴凉通风处可适当延长开花时间。但也要注意，放置地点不能过于荫蔽，不然易引起徒长，导致开花少，甚至不开花。

秋季管理　花谢后应随即施肥1次或2次，只施磷钾肥，不施氮肥，以利日后开花。在我国北方地区，一般10月上旬搬入室内，不能过于荫蔽，易造成茎节徒长，影响翌年开花。控制浇水，保持盆土不过分干燥即可。

冬季管理　冬季室内越冬，温度保持在10℃以上为宜。休眠期控制浇水，使盆土稍偏干燥，一般4～5天浇1次水，以利于增强耐寒性。冬季适当多见阳光。

解疑 Point

要想让昙花在白天开放应如何处理?

昙花在夏季的夜间10点前后开放，只开不超过3小时，故有"昙花一现"之说，如果想要让昙花在白天开放，须进行光暗颠倒处理。当花蕾加上花梗的总长度到10厘米时，每天日出前把它移入暗室，或用双层黑布罩子把全株罩上，放在通风良好的地方，不要露光，日落后用2个40瓦日光灯照明。这样做不但能使昙花在白天开花，还能延长开花时间。

栽培 日历

季节	月份	扦插	修剪	休眠	虫害	开花	施肥
春	3						🌱
	4						🌱
	5	🌱	🌱				🌱
	6	🌱	🌱		🦗	🌸	🌱
夏	7				🦗	🌸	🌱
	8				🦗	🌸	🌱
	9					🌸	🌱
秋	10						🌱
	11						
	12	🌱	🌱	🌱			
冬	1	🌱	🌱	🌱			
	2	🌱	🌱	🌱			

Tips: 三年生及以上的昙花植株易倒伏，须绑扎或设立支柱。开花期间，为其提供充分的光照。秋末气温降低，应将昙花移入有光照的室内阳台以防冻伤。冬季室内气温最好保持在5℃以上。

Aloe vera var.*chinensis*

2. 芦 荟

- 别名　油葱、草芦荟、龙角
- 科属　阿福花科，芦荟属
- 产地　非洲南部、地中海地区

形　态　多年生常绿肉质草本植物。

习　性　喜温暖干燥，不耐寒。喜肥沃、疏松、排水良好的沙壤土。

种养 Point

春季管理　芦荟盆栽基质要求具有一定蓄水保水能力、较好的保肥性和透气性，盆土宜用腐叶土和粗砂配制。芦荟生长较快，每年春季出室时应结合分株翻盆换土1次。春季浇水须充分，生长期每2周施1次液肥。

夏季管理　在高温、炎热、强辐射的夏季应注意遮阴、通风，不能使植株缺水，盛夏要每天浇水，但最好在日落之后进行，应尽量避免雨淋。

秋季管理　入秋后要控制浇水，逐渐减少浇水量和浇水次数，除了无雨天，一般情况下可3~5天浇1次水。

冬季管理　冬季需要充足光照，要求土壤不积水，空气不过分潮湿。进入花期，应注意保温。冬季气温低，芦荟生长就慢，温度低于5℃就几乎停止生长，会使叶尖、叶面出现黑色斑点，温度低至0℃就会冻死。在有霜冻的地方要用透明的薄膜盖好，采取保温增温措施，增施有机肥，确保安全过冬。同时由于冬季室温低，芦荟生长受到抑制，要尽量少浇水或不浇水，使盆土保持干燥，一般可15~20天浇1次水。浇水后及时松土，深1.5~2厘米为宜。如空气太干燥，可叶面喷水，一则除尘，二则减少叶面的水分蒸发，使叶片保持青翠。冬天浇水则要选在中午进行，浇水量要少；冬季浇水不节制是造成盆栽芦荟衰弱和烂根死亡的重要原因，应引起大家注意。

要诀 Point

只要土壤不积水，空气不过分潮湿，冬季维持在5℃左右的最低温都可以正常生长。

栽培 日历

季节	月份	分株	播种	扦插	定植	翻耕	施肥
春	3	✔		✔	✔	✔	✔
	4	✔		✔	✔	✔	✔
	5			✔	✔		✔
夏	6			✔			
	7			✔			
	8			✔		✔	
秋	9	✔	✔		✔	✔	✔
	10	✔	✔		✔	✔	✔
	11	✔	✔		✔		✔
冬	12						
	1						
	2					✔	

Tips: 人类栽培和食用芦荟的历史很悠久。古埃及人把芦荟称为"神秘的植物"，古埃及医书《艾帕努斯·巴皮努斯》中记载了芦荟的药用方法。其后，芦荟被传到欧洲。在12世纪时，芦荟甚至被记载于德国的药局方里，这是芦荟首次在一个国家的法令中得到认可。我国关于芦荟的记载最早是在宋代，《本草纲目》中记载芦荟"色黑、树脂状"，是经由丝绸之路从欧洲传来的。目前，我国家庭栽培的芦荟主要有库拉索芦荟、开普芦荟、中国芦荟及木剑式芦荟。家庭栽植时有个小诀窍，即浇水时不宜从上而下浇洒在植株上，而应浇灌在植株基部的土壤中。

Agave americana

3. 龙舌兰

- **别名** 龙舌掌、番麻、金边龙舌兰
- **科属** 天门冬科，龙舌兰属
- **产地** 北美洲南部及墨西哥

形 态 大型多年生常绿草本植物。

习 性 喜温暖、干燥及阳光充足环境。稍耐寒，越冬温度要求5℃以上。生长适宜温度15～25℃。适生于排水良好的肥沃沙壤土。

种养 Point

春季管理 早春换盆。培养土用泥炭土（或腐叶土）、园土与粗砂混合配制，土中预埋有机肥料作基肥。施肥可用有机肥料或氮磷钾肥，每1～2个月施用1次，能使植株发育良好，氮肥稍多可促使叶色美观。日照充足则植株生长旺盛，盆栽室内观赏，置于光线明亮处，避免长期阴暗造成徒长或生机减弱。性耐旱而生长缓慢，灌水量不宜多，切忌根部滞水不退。

夏季管理 对于叶片带斑纹的品种，夏季遇烈日时适当给予遮阴，叶片才会鲜艳；性喜高温干燥，生长适宜温度22～30℃。夏季增加浇水和喷水次数以保持叶片翠绿。

秋季管理 入秋后生长缓慢，控制浇水，停止施肥，保持盆土干燥。

冬季管理 耐干旱，冬季要减少浇水，以盆土稍干为宜。耐瘠薄，及时剪去基部枯萎的老叶。当温度过低时，宜移至室内养护，其余时间可在户外栽培。成株应剪除基部老叶，促进萌发新叶。

病虫害 常发生叶斑病、炭疽病和灰霉病危害，可用50%肿·锌·福美双可湿性粉剂1000倍液喷洒。

龙舌兰最常遇到的虫害是介壳虫，它们寄生于植株表面，对于一般的介壳虫，可用竹签、镊子等将虫体清除，再在植株上喷洒药物。而对于根粉蚧，一旦发现就需要翻盆换土，换土时须将根部虫体清除干净，剪除受害严重的根系，将剩余的根系放在药液中浸泡1~2小时，取出晾干后再上盆。上盆前对培养土进行高温或药物熏蒸杀毒，以杀虫灭菌。

要诀 Point

❶ 对于叶片带斑纹的品种，夏季遇烈日时适当给予遮阴，叶片才会鲜艳。
❷ 冬季低温时尽量保持干燥，早春换盆。

栽培 日历

季节	月份	分株	换盆	扦插	休眠	修剪	施肥
春	3	✿	🪴	🌱			🏺
	4	✿	🪴	🌱			🏺
	5			🌱			🏺
夏	6			🌱			
	7			🌱			
	8			🌱			
秋	9		🪴	🌱			
	10		🪴				
	11		🪴				
冬	12				💤	✂	
	1				💤	✂	
	2				💤	✂	

Tips: 龙舌兰在深秋后就逐渐进入冬眠，有些花友为了让龙舌兰更好越冬，就进行了加温措施，需要注意的是在密闭小环境里加温须掌握尺度，勿打破植株休眠规律。

135

Kalanchoe blossfeldiana

4. 长寿花

- 别名 寿星花、日本海棠、矮伽蓝菜、伽蓝花
- 科属 景天科，伽蓝菜属
- 产地 非洲马达加斯加的热带地区

形 态 多年生常绿多肉植物，春、秋两季开花，且花期长达50多天。

习 性 喜温暖向阳及略干燥的环境。生长适宜温度15～25℃，越冬温度需5℃以上。对光照要求不甚严格，稍耐阴，但在光照充足的条件下生长开花最好。

种养 Point

春季管理 植株易老化，可通过修剪或扦插繁殖新苗来更新老的植株。培养土选用腐叶土4份、园土4份、河沙2份混合配制。应放置在日照充分的场所养护。浇水按照"湿则不浇，干则浇透"的原则。长寿花有向光性，要经常调换花盆方向，使植株均匀受光，生长匀称。生长旺盛期及时摘心，促使多分枝，使冠形更加丰满美观。待花谢后，应及时剪掉残花，节省养分。

夏季管理 耐旱性较强，忌盆土积水，若盆土过湿会导致植株长势衰弱，甚至造成根茎腐烂。不耐高温，高于30℃生长迟缓，应放在阴凉通风处，少浇水，使其安全度过高温期，停止施肥。6月上中旬光照过强时则应放在半阴地，只让其接受上午的光照。

秋季管理 9月可接受全光照，促进花芽分化，增强越冬能力。每2周追肥1次，多施磷钾肥，少施氮肥，以促进开花。深秋时则每7天浇1次水，既利于延长花期，也利于提高越冬能力。秋季气温开始下降，对水分的要求也逐渐降低，浇水间隔时间要逐渐加大。

冬季管理　冬季低温时要严格控制水分。冬季要求充足的光照，如长期光照不足，会使叶片脱落，花色暗淡，失去观赏价值，因此冬季应将花放在阳光直射的地方。冬季夜间的温度应保持在10℃以上，白天15～18℃，温度过低花期会推迟，0℃以下会受到冻害。

要诀 Point

❶ 忌盆土积水，尤其冬、夏两季，若盆土过湿会导致植株长势衰弱，甚至造成根茎腐烂。

❷ 幼苗应多次摘心，促进多分枝，以求枝茂花繁。

❸ 长寿花有向光性，要经常调换花盆方向，使植株均匀受光，生长匀称。

栽培 日历

季节	月份	扦插	开花	病虫害	修剪	施肥
春	3		🌼			▢
	4		🌼		✂	▢
	5	⬇	🌼		✂	▢
夏	6	⬇		🐛		
	7			🐛		
	8			🐛		
秋	9	⬇	🌼			▢
	10	⬇	🌼			▢
	11		🌼			
冬	12					
	1					
	2					

Tips: 长寿花由德国人波茨坦自非洲南部引入欧洲，至20世纪30年代才开始广泛栽培观赏。它具有花期长、耐干旱、栽培容易、装饰效果好的优点，是家居栽植的不错选择。可将其布置于窗台、书桌、案头，又因其名为"长寿"，可将其赠送亲朋好友，有"大吉大利，长命百岁"之意，非常讨喜。

Adenium obesum

5. 沙漠玫瑰

- 科属　夹竹桃科，沙漠玫瑰属
- 产地　非洲的肯尼亚、坦桑尼亚、索马里等地

形　态　多年生肉质植物，在原产地可长至3～4米，盆栽仅高30～100厘米；茎粗壮、肉质肥厚，基部肥大如酒瓶，表皮光滑，淡青色至灰黄色；花色有红色、桃红色、粉红色、白花红边等颜色；花期4—11月，在温室条件下几乎全年可开花。

习　性　喜温暖、干燥和阳光充足的环境，耐高温炎热和烈日曝晒，通风良好时可忍受40℃高温；喜干旱忌水湿，稍耐阴不耐寒，低于5℃易受冻；在疏松、肥沃，排水良好并含有适量石灰质的沙壤土中生长较好。

种养 Point

常用扦插、嫁接和压条的方式进行繁殖，也可播种。扦插以夏季最好，选取一二年生枝条，最好是顶端枝，剪成10厘米长，待切口晾干后插于沙床，插后3～4周生根。嫁接，用夹竹桃作砧木，在夏季采用劈接法，成活后植株生长健壮，容易开花。压条，常在夏季采用高空压条法，将健壮枝条切去2/3，先用苔藓填充后再用塑料薄膜包扎，约25天生根，45天后剪下进行盆栽。夏季播种，发芽温度为21℃。

春季管理　在生长期要保持充足的阳光，同时加强水肥管理，可每月施肥1次，花前增施富含钙、磷的复合肥，增加开花量。沙漠玫瑰花期较长，消耗养分较多，可适当补充一些浓度较低的速效性肥料。

夏季管理 盛夏强光照射时一般不需要遮阴，良好的日照有助于它开花生长。浇水时，要根据土壤状况，表土干后即可浇水，一般3天浇1次水，使盆土湿润不积水。如果通风不良或盆内积水，则植物易受软腐病和介壳虫危害，软腐病可用农用链霉素1000倍液或波尔多液150～200倍喷洒，介壳虫可用50%杀螟硫磷乳油1000倍液喷杀。

秋季管理 沙漠玫瑰株型不易控制，温度、水分和光照等条件发生变化时，极易徒长，影响观赏效果。为了使株型更优美，可采用修剪和嫁接，使其观赏性更好。

冬季管理 冬季干旱季节，沙漠玫瑰进行休眠。维持室温不低于10℃，并将其放于朝南的窗台上，提供充足阳光的同时控制浇水，使其顺利越冬。

要诀 Point

沙漠玫瑰的分枝越多，开花数也就越多，要想多开花，可进行修剪和嫁接，促其多分株。

栽培 日历

季节	月份	扦插	开花	休眠	结果	修剪	病虫害	施肥
春	3	●						●
	4	●	●			●		●
	5	●	●					●
夏	6	●	●				●	
	7	●	●		●		●	
	8	●	●		●		●	
秋	9	●	●		●	●	●	
	10	●	●		●	●	●	
	11	●	●		●	●		
冬	12			●				
	1			●				
	2			●				

Bryophyllum pinnatum

6. 落地生根

- 别名　不死鸟、宝石花
- 科属　景天科，落地生根属
- 产地　南非、马达加斯加岛

形　态　多年生肉质草本植物，高40～150厘米；茎有分枝；羽状复叶，长10～30厘米；圆锥花序顶生，长10～40厘米；花下垂，花萼圆柱形，长2～4厘米；花冠呈高脚碟形，淡红色或紫红色；蓇葖包在花萼及花冠内；种子小，有条纹；花期1—3月。

习　性　喜阳光充足、温暖湿润的环境，耐干旱。生长适宜温度为13～19℃，不耐寒，冬季适宜温度为7～10℃。种植在排水良好的酸性沙壤土中为宜。

种养 Point

落地生根常用不定芽繁殖或扦插繁殖，也可播种繁殖。

不定芽繁殖十分简单。直接将叶子边缘生长的不定芽剥下，栽入盆中即可。扦插以5—6月最好，将健壮叶片切下，平放于沙床上，保持土壤湿度，7～10天就能从叶缘齿缺处长出小植株，把小植株切割，移入盆内栽种即可。播种繁殖因种子细小，播后无须覆土，温度适宜，2周左右即可发芽。

土　壤　每年春季换盆1次。盆栽时，可用由腐叶土3份和沙土1份配制的混合土。

光　照　除了盛夏时要稍遮阴，其他时间都要保证充足的光照。

浇　水　生长期适量浇水，保持盆土湿润，浇水要待干透再浇，不必担心会干死，切忌盆中积水。秋冬两季气温下降，要减少浇水。冬季严格控制浇水。

施　肥　平时施肥不必过勤，生长季每月施1次肥即可。

修　剪　对新上盆的小苗要及时摘心，促进分枝。茎叶生长过高时，也要摘心压低株型。对于较老的植株，应予以短截，使其萌发新枝。

病虫害　落地生根主要有灰霉病、白粉病危害，可用70%甲基托布津可湿性粉剂1000倍液喷洒。虫害有介壳虫和蚜虫，用40%乐果乳油1000倍液喷杀。

栽培 日历

季节	月份	不定芽繁殖	扦插	换盆	休眠	开花	施肥
春	3		●	●	●	●	
	4	●	●	●			●
	5	●	●	●			
夏	6	●					
	7	●					
	8	●					
	9	●					
秋	10	●					
	11				●		
	12				●		●
冬	1				●	●	
	2				●	●	

Tips: 落地生根是比较耐旱的多浆植物，其叶片肥厚多汁，边缘着生着整齐美观似一群小蝴蝶的不定芽，是点缀居室的好材料。落地生根的不定芽飞落于地，立即扎根繁育子孙后代，颇有奇趣，家庭盆栽还可用于儿童科普教育。

Opuntia dillenii

7. 仙人掌

- 科属　仙人掌科，仙人掌属
- 产地　墨西哥东海岸、美国南部及东南部沿海地区、西印度群岛、百慕大群岛和南美洲北部

形　态　多年生肉质灌木；上部分枝呈宽倒卵形、倒卵状椭圆形或近圆形，绿色或蓝绿色；叶呈钻形，绿色，早落；花呈辐状，花托倒卵形，花丝淡黄色；浆果倒卵球形，紫红色；种子扁圆形，淡黄褐色；花期6—10月。

习　性　喜阳光充足、温暖干燥的环境。耐干旱，怕水湿，适合在中性、微碱性（pH值7.0～7.5）土壤中生长。在温暖且昼夜温差较大时生长最旺盛。

种养 Point

一般家庭采用扦插繁殖，即把母株上的茎块切下，先放在半阴通风处晾5～7天，等切口干燥、生成一层薄膜时插于沙土中，生根较快。仙人掌一般扦插20天后生根。仙人掌极易分生子苗或子球，将其子苗或子球拔下另行栽植，也极易成活。嫁接在5—6月进行，砧木用量天尺，接穗用仔球，方法同其他多浆类植物。

春季管理　嫁接苗和老株常每年春季换盆1次。盆栽土用园土、腐叶土、粗砂各1份，另加少量石灰质材料配制，盆底可放些腐熟的鸡粪作基肥。

夏季管理　栽植场所要注意通风，盛夏高温时要将植株放在半阴处或适当遮阴，以防强光直射出现日灼伤害。仙人掌浇水宜少不宜多，切忌盆内积水，保持半湿即可。雨季要注意排水，休眠期不浇水。

秋季管理　换盆时间应在休眠期，最佳时间在3月或10月。换盆时将老根剪除，过长根剪短，以促发新根。

冬季管理 仙人掌在冬季时可停止浇水及施肥，每隔1周在仙人掌上喷洒清水，保持盆土的干燥。在冬季须将其环境温度提高至15℃左右，放置于散光通风处养护。冬季注意要保持盆土干燥。

病虫害 仙人掌的常见病害是炭疽病和腐烂病。炭疽病用70%托布津1000倍液喷洒，腐烂病则切除病部，涂上少许硫磺粉，喷洒百菌灵。常见虫害是红蜘蛛和蚜虫。红蜘蛛用50%敌敌畏800～1000倍喷杀，每周1次，2～3次即可防治。蚜虫则用40%乐果1000倍液喷杀。

栽培 日历

季节	月份	换盆	分株	遮阴	开花	施肥
春	3	换盆	分株			
	4		分株			施肥
	5		分株			施肥
夏	6		分株	遮阴	开花	施肥
	7		分株	遮阴	开花	施肥
	8		分株	遮阴	开花	施肥
	9		分株		开花	施肥
秋	10	换盆	分株		开花	
	11		分株			
冬	12					
	1					
	2					

Tips: 仙人掌有着"夜间的氧气工厂"的美称，还是清洁灰尘的高手。有些烹饪大师会用仙人掌来搭配食物。

Euphorbia milii var. *splendens*

8. 虎刺梅

- 别名　铁海棠、麒麟刺
- 科属　大戟科，大戟属
- 产地　非洲马达加斯加

形　态　多年生灌木状多肉植物；茎多分枝，长60～100厘米，直径5～10毫米，具纵棱；叶互生，通常集中于嫩枝上，呈倒卵形或长圆状匙形，全缘；二歧聚伞花序生于枝上部叶腋；蒴果呈三棱状卵形，平滑无毛；花果期全年。

习　性　喜温暖、光照，不耐寒，冬季若保持15℃以上室温则开花不断。适生于排水良好、肥沃、微酸性的土壤中，耐干旱和瘠薄，怕水渍。

种养 Point

　　整个生长季节都可扦插，但春夏之交扦插成活最好，扦插时要选取生长充实的枝条，从顶端向下约10厘米处剪下，插穗剪取时有白色乳汁流出，可在剪口涂抹草木灰后在阴处放置几天再插，插后浇透水，以后插土宜稍干燥。1个月左右生根。

春季管理　虎刺梅生长快，每年春季可换盆1次，盆土用沙土、堆肥（或腐叶土）和园土配制。换盆时要进行修剪，还可通过攀扎塑成盆景。生长期要适当浇水，一般在盆土干时再浇，以2～3天浇1次为宜。生长期每2周施1次稀薄饼肥水，孕蕾期增施1次或2次磷肥，则花多、色艳。

夏季管理　宜每天浇1次水，但盆土不宜过湿，否则易造成落花烂根；盆土也不可过干，否则易引起叶片脱落，影响其正常生长。生长期要求光照充足，花期更是如此，在阳光处花色特别鲜艳，阳光不足时花暗淡，长期荫蔽则不开花。必须恰当地修剪，在6—7月将过长的和不整齐的枝剪短。一般在枝条的剪口下，即能发出2个分枝，当枝条长到5～6厘米时，就能开花。开花期要多施磷钾肥，磷钾肥缺少时，一个枝顶只开2～4朵花；磷钾肥充足时，一个枝顶能开6～8朵花。

秋季管理 生长期须水分供应充足，根据"不干不浇，浇则浇透"的原则，酌情浇水。通常每隔3～4天浇水1次，即盆土稍干后再浇，切不可浇大水。

冬季管理 冬季气温低，植株进入休眠期，应保持盆土干燥。一般每隔半个月浇水1次，盆土处于润湿状即可。只要适当抑制顶端生长优势如切顶、针刺等，就能抽生更多的小枝，形成丰满的株型。

栽培 日历

季节	月份	扦插	换盆	定植	修剪	开花	施肥
春	3		●	●	●		
	4		●	●	●		●
	5		●	●	●	●	●
夏	6				●	●	●
	7				●	●	●
	8					●	●
秋	9	●				●	●
	10	●				●	
	11	●				●	
冬	12						
	1						
	2						

Tips：虎刺梅汁液有毒，对人的皮肤、黏膜有刺激作用，误食会引起恶心、呕吐、下泻、头晕等，家庭种养时注意不要随意折花给孩子玩耍以免造成危害。

Nelumbo nucifera

1. 荷 花

- 学名　莲
- 别名　莲花、芙蓉、芙渠、水芙蓉、
　　　　水芝、水华
- 科属　莲科，莲属
- 产地　中国

形　态　多年生宿根水生花卉；花期6—9月。

习　性　荷花性喜阳光和温暖环境，喜湿润，不耐干旱，忌突然降温和狂风吹袭，怕大水淹盖。要求富含腐殖质的微酸性壤土和黏质土壤。荷花在整个生长发育阶段都要求有充足的阳光。

种养 Point

荷花的繁殖通常以分株为主，也可播种繁殖，但此方式多用于培育新品种。分株繁殖可在4—5月挑选生长健壮的根茎，每两三节切成一段作为种藕，每段必须带顶芽和保留尾节，否则水易浸入种藕内，引起腐烂；然后以20°～30°斜插入缸、盆或池塘中，种植深度10～15厘米。一般莲栽植2～3年后要重新分栽1次。

种藕栽植后先期灌水至5厘米，以后随生长发育逐渐灌水，早春水深10～20厘米，夏季水深60～80厘米，秋季剪除枯叶放水至1米以上，以保持池底不冻，使根茎安全越冬。缸栽荷花在初冬将缸水倒出后，移入地窖或冷室，保持土壤湿润即可越冬。

荷花的栽培要有充足的基肥。池塘栽植时，一般不施追肥；盆缸栽植若基肥充足也不必施追肥。生长期若叶片瘦弱发黄，可施追肥，但须掌握"薄肥轻施"的原则。一般荷花喜含磷钾较多的肥料，可在立叶长出后，每半个月追施1次0.1%浓度的尿素和磷酸二氢钾液肥。

8月上旬荷叶不再生长，开始长藕，此时不宜施肥，但仍应保证充足的光照，让叶片制造更多的养分供藕生长。霜降后剪去黄叶枯梗，清除缸中杂物，移缸入室，保持3~5℃的室温和泥土湿润，即可安全越冬。池塘中栽植的荷花可自然越冬。

病虫害　主要病虫害有蚜虫和腐烂病。蚜虫可用50%乐果乳油2000~2500倍液喷杀；腐烂病多发生在5—6月，叶片先发生黑褐色斑点，继而引起植株腐烂，可用硫菌灵800倍液或65%代森锌600倍液防治。

要诀 Point

❶ 栽植荷花一定要选择阳光充足之处，不可在遮阴处。在全天日照不满5小时的地方栽培，往往只长叶，不开花。
❷ 8月上旬开始长藕，要求5厘米水深，此期间不能摘叶或损伤叶片。

栽培 日历

季节	月份	播种	分株	开花	施肥	病害
春	3					
	4					
	5					
	6					
夏	7					
	8					
	9					
秋	10					
	11					
	12					
冬	1					
	2					

Tips: 缸莲、碗莲以庭院、阳台及室内摆设为主。栽种时，不同品种或同一品种大小悬殊的种藕不宜混栽，以免长势差异过大，生长相互干扰，影响观赏效果。家庭观赏荷花种植，不宜栽植水位过深，因会抑制分枝的形成，减少开花数。

Nymphaea tetragona

2. 睡 莲

- 别名　子午莲、水芹花
- 科属　睡莲科，睡莲属
- 产地　亚洲、美洲及欧洲

形　态　多年生宿根水生花卉；具有肉质匍匐根茎，根生于水中的泥土里；花期夏季、秋季。

习　性　睡莲属强光照植物，在荫蔽处只长叶不开花。喜通风良好、温暖且平静的水面，要求水质清洁，否则易造成叶片腐烂。要求富含腐殖质的黏土，耐肥力强，地下茎须在不结冻的泥水中越冬。

种养 Point

睡莲的繁殖方法以分株和播种为主。分株繁殖是在春季睡莲发芽前，将其根茎掘出，切割成10厘米长的小段，每段带有两三个芽，栽植这些带芽的根茎，当年即可开花。亦可用播种繁殖，在秋季落叶后将池盆水抽干并拾回种子，立即浸入水中越冬，不可干放，翌年3—4月盆播，覆土要浅，然后把花盆浸入浅水中，约15天发芽，当年可长成地下茎，3年后可开花。

春季管理　睡莲属长日照植物，栽植时水深保持30～60厘米。盆栽露天摆放，初期浅水，盛期满水。盆栽沉水，初期水稍稍没过盆沿；随着叶的生长，逐步提高水位。盆栽睡莲生长初期底肥充足，不必追肥。

夏季管理　池栽睡莲在进入雨季水深超过1米时，应及时排水。为促进花芽分化，应在花期施速效磷酸二氢钾（用吸水性好的纸包好肥料，1包5克，每缸放2包，包上可扎数个小孔，沿盆壁塞入根茎下，半个月1次，连施3次或4次）。池栽只要池底有肥沃的淤泥层即可，不必追肥。生长旺期盆栽叶子密度大，影响光照，不利于花蕾形成，应及时疏叶。生长期要注意及时剪除残花，清除盆内杂草、枯叶及池内藻类。藻类过多，可喷0.3%～0.5%的硫酸铜溶液，半个月1次，连续几次，可起到一定控制作用。

秋季管理 生长后期及时剪除病叶、枯黄叶。睡莲种子成熟时易散落，应注意种子的收取。种子须放在水中，以保持发芽能力。

冬季管理 睡莲的耐寒性强，但根茎的越冬温度也不能低于0℃，冬季可将植株连盆一起放置在室内越冬，若在室外越冬须保持较深的水位，以免受冻。

要诀 Point

❶ 睡莲要在阳光充足的地方栽培。

❷ 始终保持水质清洁。

❸ 放置在室内越冬，若在室外越冬须保持较深的水位，以免受冻。

栽培 日历

季节	月份	分株	播种	开花	施肥	病害
春	3					
	4					
	5					
	6					
夏	7					
	8					
	9					
秋	10					
	11					
	12					
冬	1					
	2					

Tips: 睡莲在不同生长时期对水位的要求不同，家庭种养睡莲，合理控制水位是关键。在栽植初期，水位要浅，一般控制在20～40厘米，有利于其早期发叶。在生长旺盛期，气温较高，此时应加深水位以降低温度，以免高温影响睡莲生长和开花，水位控制在70厘米左右较好。秋季是睡莲根茎和侧芽生长的最佳时期，应降低水位，这样的举措可使温度升高，促进睡莲根茎生长。

Lythrum salicaria

3. 千屈菜

- 别名 水柳、水枝柳、水芝锦、败毒草
- 科属 千屈菜科，千屈菜属
- 产地 欧洲、亚洲的温带地区

形 态 多年生宿根草本水生植物；根横卧于地下，粗壮；茎直立，多分枝，全株呈青绿色；叶对生或三叶轮生，呈披针形或阔披针形，有时略抱茎，全缘，无柄；花组成小聚伞花序，簇生，花瓣红紫色或淡紫色；蒴果呈扁圆形；花期7—9月。

习 性 千屈菜属半水生植物，在自然界常野生在沼泽地、水沟旁及湿润的草丛中。喜阳光，要求湿润、通风良好的环境，耐寒性较强，在我国华北以南地区都能露地越冬。对土壤要求不高，能耐碱性土和黏土，喜富含腐殖质的肥沃土壤。

种养 Point

千屈菜可播种繁殖、分株繁殖和扦插繁殖。8月种子成熟后采收备用，在4月中旬进行播种，下种宜浅，始终保持盆土充分湿润，在15～20℃的土温下，10天左右即可出苗。分株繁殖最为常用，一般在早春4月进行，将根丛掘起，分成数个芽为一丛的小植株，重新栽植，极易生根，当年即可开花。夏季采取嫩枝扦插，6—7月扦插最易成活，插穗应选健壮的长15～20厘米的枝条，插入积水的盆土中遮阴养护，待侧芽萌发后再移至阳光下，1个月左右即可生根，但第三年才能成丛并大量开花。

盆栽千屈菜需要肥沃的河泥并施足基肥，或用加入肥料的培养土，盆中填土不要超过盆深的2/3，留出足够的深度以便灌满水。花盆越大，所需肥料越多，株丛长得也就越高越大，开花也就越多。千屈菜极怕干旱，盆土要保持充足的含水量，土面上还应有一层浅水，否则开花稀少，株丛也不够茂密，因此要保持盆中水深10厘米左右。其根系怕冻，入冬前可剪去枯枝叶，移入室内，盆土保持湿润，即可安全越冬。

要诀 Point

❶ 花开放前，保持水深5～10厘米，可使开花繁茂。

❷ 冬季栽培温度最好不超过8℃，以防千屈菜萌芽生长。

栽培 日历

季节	月份	播种	分株	开花	扦插	修剪	施肥
春	3						
	4						
	5						
	6						
夏	7						
	8						
	9						
秋	10						
	11						
	12						
冬	1						
	2						

Tips: 千屈菜春季返青时浇 1 次水，可促进植株提早萌发。一般2～3年要分栽1次，庭院栽植可用盆栽。

Typha orientalis

4. 香 蒲

- 别名　长苞香蒲、水烛、鬼蜡烛、蒲黄
- 科属　香蒲科，香蒲属
- 产地　中国黑龙江、吉林、辽宁、内蒙古、河北、山西、河南、陕西、安徽、江苏、浙江、江西、广东、云南等省均有分布

形　态　多年生挺水植物；根状茎乳白色，地上茎粗壮，向上渐细；叶片条形，长40～70厘米，宽0.4～0.9厘米，光滑无毛；雌雄花序紧密连接，雄花通常由3枚雄蕊组成，花药长约3毫米，雌花无小苞片；小坚果呈椭圆形或长椭圆形，果皮具长形褐色斑点；种子褐色，微弯；花期5—7月。

习　性　香蒲的适应性强，对环境条件的要求不甚严格，性耐寒、喜阳，喜生于肥沃的浅水湖塘或沼泽泥土内，水深宜在1米以下。

种养 Point

香蒲常用分株法繁殖。早春萌发时，将母株脱盆，冲掉泥土。把地下横生的根茎切成10厘米长的小段，每段带有两三枚侧芽。栽植后根茎上的芽在水中水平生长，伸长至30～60厘米时，顶芽弯曲向上抽生新叶，向下发出新根，形成新株。连续三年后根茎盘根错节，生长势衰弱，应再进行更新种植或再次分株。

香蒲性强健，栽植时用普通培养土栽入没有排水孔的深盆中即可；在大型水面种植时，可栽入池塘底的种植槽内；小型水面可直接将种好的盆栽放置在水中。香蒲在合适的浅水边可自由生长，因其耐寒性强，地上部分虽在冬季枯死，但地下根茎留存在土中自然越冬，无须特别人工管理。冬季把盆栽香蒲枯萎的茎叶剪去后，将盆移入室内不结冰的地方，盆土保持湿润。香蒲生长强壮，很少发生病虫害。

在南向阳台或庭院南侧。

❷ 喜水湿，保持土面水深10厘米，池塘栽植可略深。

要诀 Point

❶ 香蒲喜充足阳光，家庭种植时应放置

栽培 日历

季节	月份	分株	开花	结果	修剪	观赏
春	3					
	4					
	5					
	6					
夏	7					
	8					
	9					
秋	10					
	11					
	12					
冬	1					
	2					

Tips: 香蒲的叶片细长似剑，色泽光洁淡雅，可将其栽入水盆，置于庭院中陈设，别有一番雅趣。香蒲的花序干燥后可成为良好的切花材料，可以在栽培闲暇试着结合其他植材制作花艺作品！因香蒲耐寒力较强，冬季可将其连盆存放在阳台或室外房屋的南侧，盆内结冻也无妨。

Hydrocotyle vulgaris

5. 铜钱草

- 学名　野天胡荽
- 科属　伞形科，天胡荽属
- 产地　原产南美，世界各地引种栽培

形　态　多年生草本植物；株高5～15厘米；茎细长，直径3～4毫米，顶端呈褐色，节处生根；叶呈圆形或肾形，全缘，用手揉之有芹菜香味；伞形花序，小花白粉色；花期6—8月。

习　性　铜钱草性喜温暖潮湿，最佳栽培温度为22～28℃。生性强健，容易种植，繁殖迅速，水陆两栖皆可，蔓延能力强，为优良的地被植物。家庭种养宜放于半阴处，忌阳光直射。

种养 Point

上盆定植　每年3—5月可用分株法或扦插法进行繁殖，1～2周即可发根。上盆定植时，为了便于缓苗，操作最好在阴天时进行。在操作结束后灌水即可。

换　盆　铜钱草发苗迅速，生长较快。成形植株最好每2年换盆1次，否则长势就可能会越来越弱。

土　壤　栽培基质可由腐叶土、河泥、园土混合制成。

光　照　要为铜钱草提供光照充足的环境，环境荫蔽则植株会生长不良。其在全日照时生长良好，半日照时叶片会往光线方向生长，注意转盆。最好让它每天接受4～6小时的散射日光。

温　度　铜钱草喜温暖，应当特别注意冬季温度管理，越冬温度不宜低于5℃。在南方地区，室外栽培铜钱草，可把水倒掉，保持湿润，放在朝南向阳背风的地方过冬。若在北方寒冷地区，则移至暖气处或把盆栽用罩子盖起来保持湿润，维持一定的环境温度。

浇　水　铜钱草对水质要求不严，水体pH值控制在6.5～7.0为宜，即呈微酸性至中性。

施　肥　生长旺盛阶段每隔2～3周少量追肥1次即可，速效肥（花宝二号）或缓效肥（魔肥）都可。

要诀 Point

❶ 若水培的话，保持盆里的水不要干。

❷ 2周施1次复合肥，注意肥水别浇到叶子上。

❸ 黄叶子影响美观，要经常剪掉，过密的叶子也可以剪掉一些，以保持美观。

栽培 日历

季节	月份	扦插	分株	开花	施肥
春	3				
	4				每隔2～3周追肥1次
	5				
	6				
夏	7				
	8				
	9				
秋	10				每隔2～3周追肥1次
	11				
	12				
冬	1				
	2				

Monstera deliciosa

1. 龟背竹

- **别名** 蓬莱蕉、电线莲、铁丝兰、龟背蕉
- **科属** 天南星科，龟背竹属
- **产地** 墨西哥

形　态 攀缘灌木；茎绿色，粗壮，有苍白色的半月形叶迹，具气生根；叶柄绿色，长达1米，叶片大，轮廓心状卵形，宽40～60厘米，厚革质，表面发亮，淡绿色，背面绿白色，边缘羽状分裂；花序绿色，粗糙；佛焰苞厚革质，宽卵形，舟状，近直立，先端具喙；肉穗花序近圆柱形，淡黄色；浆果淡黄色；花期8—9月，果于翌年花期之后成熟。

习　性 喜温暖、湿润及半阴的环境。不耐寒，冬季温度不低于5℃。忌强光曝晒和干燥，较耐阴。甚耐肥，适宜生长在富含腐殖质的土壤中。

种养 Point

春季管理 春季是换盆和繁殖的季节，要重点做好扦插繁殖工作。换盆土壤以腐叶土为主，适当掺入壤土及河沙。老植株要追肥，用一般的腐熟的饼肥即可，也可用0.2%的磷酸二氢钾稀释液喷洒叶面。

夏季管理 夏季要注意遮阴，不可曝晒，否则会使叶片失去光泽，甚至灼伤。盆栽应置于半阴处养护，要多浇水，并经常进行叶面喷水，保持环境的空气湿度。每半个月施1次腐熟的饼肥，注意不要把肥水浇到叶面上，以免叶片腐烂，影响其观赏效果。

秋季管理 秋季要继续遮阴防晒，经常给叶面喷水，保持环境的空气湿度。

冬季管理 冬季应置于光线明亮处，如果长期放置在光线过暗的环境中，叶片会长得偏小，叶柄会显得细长。冬季还要减少浇水，保持盆土稍干以提高抗寒力。温度保持在5℃以上。

要诀 Point

❶ 不可曝晒，否则会使叶片失去光泽，甚至灼伤。

❷ 长期放置在光线过暗的环境中，叶片会长得偏小，叶柄会显得细长。

❸ 冬季室内长期干燥会导致叶缘形成褐斑。

❹ 冬季保持盆土稍干能提高抗寒力。

栽培 日历

季节	月份	扦插	压条	开花	结果	施肥	换盆	观赏
春	3						🪣	👁
	4	✂	🌿			▭	🪣	👁
	5	✂	🌿			▭		👁
夏	6		🌿			▭		👁
	7		🌿	🌸		▭		👁
	8		🌿	🌸		▭		👁
秋	9	✂		🌸		▭		👁
	10	✂			🍎			👁
	11				🍎			👁
冬	12							👁
	1							👁
	2							👁

Tips: 分株繁殖在夏季、秋季进行，将大型龟背竹的侧枝整段劈下，带部分气生根，直接栽植于木桶或钵内，不仅成活率高，而且成形快。

Chlorophytum comosum

2.吊 兰

- **别名** 挂兰、折鹤兰、钓兰、兰草、土洋参
- **科属** 天门冬科，吊兰属
- **产地** 非洲南部

形 态 多年生常绿草本植物；根稍肥厚；叶剑形；花期4—6月，果期8月。

习 性 喜温暖、湿润及半阴的环境。生长期的适宜温度在20℃左右，冬季温度不可低于5℃。稍耐阴，在强烈阳光直射或严重光照不足时，均会导致叶片枯尖。好疏松、肥沃的沙壤土。

种养 Point

春季管理 每年春季换盆1次，去掉部分老根，以促进新根生长。盆土一般用腐叶土与园土混合，应保持湿润，但不能积水，以免肉质根腐烂，盆底多垫些碎瓦砾便于滤水。在室内摆放时，要放置在有阳光斜射的地方。

夏季管理 夏季是生长旺季，要有充足的水肥供应，注意遮阴，通过喷水保持较高空气湿度。每隔10～15天施1次液肥，肥水不要太浓，最好是浇完肥水后再浇1遍清水，以免叶片上残留肥水，使叶片发黄，并出现黄斑。要防暑降温，加强通风，避免介壳虫危害。应放置在半阴环境中，光线太暗或日照太强都会造成叶片枯尖。

秋季管理 秋季要继续水肥供应和遮阴，通过喷水保持较高空气湿度。浇水应避免灌入株心，否则易造成嫩叶腐烂。

冬季管理 冬季室温保持在5℃以上，并适度控制浇水量，以盆土稍干为宜，盆土过于潮湿会诱发灰霉病、炭疽病和白粉病而烂叶。一旦发病，可用50%多菌灵可湿性粉剂500倍液喷洒。

❶ 放置环境宜半阴，光线太暗或日照太强都会造成叶片枯尖。

❷ 浇水应避免灌入株心，否则易造成嫩叶腐烂。

❸ 冬季应保持盆土偏干，盆土过于潮湿会诱发灰霉病等而烂叶。

吊兰的叶片为什么容易干尖?

吊兰叶片干尖，是一种生理病害，主要是养护不当、管理不善造成的。引起叶片干尖的最主要原因是受到强光直射，空气干燥。莳养吊兰，一年四季都需要经常用清水喷洗枝叶，增加空气湿度，这样既能防止叶片干尖，又可保持叶片洁净，有利于光合作用，能使枝叶终年保持青翠嫩绿。

季节	月份	播种	扦插	分株	开花	浇水	施肥	换盆	修剪	观赏
春	3	🌱	⚡			💧	▨		✂	👁
	4		⚡	✦	❀	💧	▨	⊔	✂	👁
	5		⚡	✦	❀	💧	▨	⊔	✂	👁
夏	6		⚡		❀	💧				👁
	7		⚡			💧	▨			👁
	8		⚡			💧	▨			👁
秋	9		⚡			💧			✂	👁
	10		⚡							
	11		⚡							
冬	12		⚡							
	1		⚡							
	2		⚡							

Tips: 吊兰不易发生病虫害，但如盆土积水且通风不良，除了会导致烂根，还可能会发生根腐病，应注意喷药防治。

Epipremnum aureum

3. 绿　萝

- **别名**　黄金葛、魔鬼藤、黄金藤、石柑子
- **科属**　天南星科，麒麟叶属
- **产地**　印度尼西亚

形　态　高大的多年生常绿草质藤本植物；茎攀缘，多分枝；下部叶片大，长5～10厘米，上部叶片长6～8厘米，纸质，宽卵形。本种不易开花，但易于无性繁殖，附生于墙壁或山石上极为美丽。亦可作室内悬挂植物，折枝插瓶，经久不萎。

习　性　喜温暖、湿润的环境，冬季温度不低于10℃。喜半阴，怕强光直射，但光线如果长期较弱，叶片上的黄斑会变少，甚至全变成绿色，同时，枝条也会变得细弱。要求疏松、肥沃、排水良好的土壤。

种养 Point

春季管理　盆栽土壤通常用腐叶土与园土掺少量细沙即可。一年四季均可在室内栽培，但春天气温升高后亦可搬出室外半阴处养护，千万不能置于烈日下曝晒，否则会严重灼伤叶片。绿萝喜水湿，要经常浇水，保持盆土湿润，每半个月施肥1次，宜多施磷钾肥，少施氮肥，这样植株不会徒长，叶色会很亮丽。

夏季管理　夏季要适当遮阴，不能置于烈日下曝晒，否则会严重灼伤叶片。少施氮肥，宜多施磷钾肥，每半个月施肥1次，生长期应充分浇水，并经常向叶面喷水。水栽也能生长，植株应修剪或更新，可结合修剪进行扦插。

秋季管理　秋季室内空气干燥，要经常给植株喷水，并擦洗叶面的灰尘。秋季也要适当施肥，每20天施1次即可。

冬季管理 绿萝对低温敏感，冬季和春季植株出现黄叶、落叶或茎腐都是寒害的表现。因此一定要注意防寒，最好放置在温室养护管理。冬季要适当少浇水，停止施肥，盆土"见干见湿"为好，不能让盆土积水，否则容易烂根。还要预防根腐病和叶斑病危害，如果病害发生，可施用3%克百威颗粒毒杀引起根腐病的线虫，用70%代森锰锌可湿性粉剂500倍液防治叶斑病。

栽培 日历

季节	月份	扦插	压条	换盆	浇水	施肥	修剪	病虫害	观赏
春	3	●		●					●
	4			●					●
	5		●			●	●	●	●
夏	6	●	●		●	●	●	●	●
	7		●		●	●	●	●	●
	8		●		●	●	●	●	●
	9	●	●		●	●	●	●	●
秋	10	●			●				●
	11								●
	12								●
冬	1								●
	2								●

Tips: 绿萝缠绕性强，气根发达，四季常绿，是优良的观叶植物，既可让其攀附用棕扎成的圆柱上，摆于门厅，也可培养成悬垂状置于书房、窗台，或挂于墙面，是一种较适合室内摆放的植物。但要注意，绿萝汁液含弱毒，碰到会引起皮肤红痒，误食会造成喉咙疼痛。

Asparagus setaceus

4. 文　竹

- 别名　云片竹、刺天冬、鸡绒芒、云竹
- 科属　天门冬科，天门冬属
- 产地　南非

形　态　多年生蔓性常绿亚灌木，攀缘植物，高可达几米；根稍肉质，细长；茎的分枝极多，分枝近平滑；花通常每1～3朵腋生，白色，有短梗；浆果直径6～7毫米，熟时紫黑色，有1～3颗种子；花期4—10月，果期11月至翌年2月。

习　性　喜温暖，不耐寒，越冬应在5℃以上，低于3℃茎叶会冻死。喜湿润，忌积水，不耐干旱，盆土过湿会烂根落叶。较耐阴，怕强烈阳光直射。要求肥沃、通气、排水良好的沙壤土。

种养 Point

春季管理　春季是最佳繁殖季节，一般用播种法和分株法进行繁殖。此时气温适宜，文竹生长较旺盛，幼苗可追肥一两次，保证充足的水分供应，同时注意增加空气湿度，不然叶色易老化脱落，影响观赏。3—4月对文竹老株换盆，换盆前适当修剪。

夏季管理　夏季养护管理的关键是浇水，生长期要均衡浇水，始终保持盆土适度湿润，不能过湿，更不能干旱，否则都会造成黄叶。文竹较喜肥，生长期每个月追施1次或2次薄肥。开花后要停止追肥，适当控水，不要让雨水淋着。文竹在半阴条件下生长最佳，应放在没有阳光直射的地方养护。夏季易发生介壳虫和蚜虫危害，可用40%氧化乐果乳油1000倍液喷杀。

秋季管理　秋季可以适当给予光照，以使文竹叶色苍翠。蓄养多年的老植株，大多枝叶密集，株型高而散乱，叶色暗淡泛黄，为控制植株高度和促进生长繁茂，可在生长期从根茎处剪掉全部枝丛，促使其重新从根际萌发新的枝叶，这样得到的新枝将长势旺盛。要继续施肥，也要适当遮阴，要防止灰霉病、叶枯病危害叶片，可用50%硫菌灵可湿性粉剂1000倍液喷洒。

冬季管理 入冬后应减少浇水，停止施肥，保持温度在5℃以上，如果温度低于3℃，整个植株就会冻死。注意不能让盆土干燥或渍水，两者都会引起叶片泛黄，重者会发生根腐病。尽量多见阳光。

栽培 日历

季节	月份	播种	扦插	分株	定植	开花	结果	换盆	浇水	施肥	病虫害	观赏
春	3	●	●	●	●			●			●	●
春	4		●	●	●	●		●			●	●
	5					●			●	●		●
夏	6					●			●	●		●
夏	7					●			●	●	●	●
	8					●			●	●		●
	9			●	●	●			●	●		●
秋	10			●		●			●	●		●
	11						●					●
	12						●					●
冬	1						●					●
	2	●					●					●

Tips：一般寒露以后天气转凉，盆栽文竹可在10月中旬左右搬回室内越冬。

Rhapis excelsa

5. 棕 竹

- 别名　观音竹、筋头竹
- 科属　棕榈科，棕竹属
- 产地　我国南方地区及日本

形　态　多年生常绿丛生灌木；高2～3米；茎有节，直径1.5～3厘米；叶掌状深裂，呈宽线形或线状椭圆形；花序长约30厘米，密被褐色弯卷绒毛，花枝近无毛，花螺旋状着生于小花枝上；果实呈球状倒卵形，直径8～10毫米；花期4—5月。

习　性　喜温暖，稍耐寒，但冬季温度不低于4℃。怕强烈阳光直射，适于半阴处生长。喜湿润，不耐干旱。适应性强，对土壤要求不严，以质地疏松、含丰富有机质的土壤为宜。

种养 Point

春季管理　栽培基质用腐叶土与河沙等量混合配制，浇透水。

夏季管理　要防止阳光曝晒，在室外要搭棚遮阴，要多浇水，掌握"宁湿勿干"的原则，保持盆土湿润，如果盆土干燥持续三四天，叶片顶端就会变成茶色而枯萎。较高的空气湿度对生长十分有好处，应经常用清水喷洒植株及周围地面。生长期每隔30天施肥1次，适当增施氮肥，并在肥料中加入少量硫酸亚铁，使叶色更加浓绿。

秋季管理　继续遮阴，防止阳光曝晒和直射，也要多浇水，浇水原则仍然是"宁湿勿干"。保持盆土湿润，要经常用清水喷洒植株及周围地面，以增加空气湿度。同时每隔20～30天施肥1次，以酸性肥为宜。加强通风，在闷热的环境中生长易遭受介壳虫危害，可用40%氧化乐果乳剂800～1200倍液喷杀，也可人工刮除。

冬季管理 适当减少浇水次数，保持盆土排水良好，盆土要"见干见湿"，若积水会引起烂根而阻碍生长。为使其安全越冬，冬季室温应在5℃以上，可以适当见些阳光。

解疑 Point

棕竹叶尖为何枯焦?

❶ 在夏季、秋季烈日曝晒或盆土过干。

❷ 冬季在室内养护时，盆土过干、空气不流通。

❸ 施入过未经发酵腐熟的生肥。

栽培 日历

季节	月份	播种	分株	开花	结果	换盆	浇水	施肥	病虫害	观赏
春	3		✓			✓				✓
春	4		✓	✓		✓				✓
	5			✓			✓	✓		✓
夏	6						✓	✓	✓	✓
夏	7						✓	✓	✓	✓
	8				✓		✓	✓	✓	✓
	9				✓		✓	✓		✓
秋	10	✓			✓					✓
秋	11	✓			✓					✓
	12									✓
冬	1									✓
	2									✓

Tips: 在生长期宜薄肥勤施，腐熟的饼肥水较好，肥料中可加少量的硫酸亚铁，使其叶色翠绿。

Caladium bicolor

6. 花叶芋

- 学名　五彩芋
- 别名　七彩莲、彩叶芋
- 科属　天南星科，五彩芋属
- 产地　美洲亚马孙河沿岸

形　态　多年生球根观叶植物；块茎呈扁球形；叶柄光滑，长15～25厘米，叶片表面满布各色透明或不透明斑点，背面粉绿色，呈戟状卵形至卵状三角形；佛焰苞管部呈卵圆形，肉穗花序；花期5—10月。

习　性　喜高温、多湿、稍阴的环境。球根块茎的生根、发芽及发育都必须在20℃以上条件进行。不耐低温，在我国多数地区10月至翌年5月期间为落叶休眠期。忌强光直射。要求疏松肥沃的酸性腐殖土。

种养 Point

花叶芋常用分株繁殖。4—5月在块茎萌芽前，将块茎周围的小块茎剥下，

若块茎有伤，则用草木灰或硫磺粉涂抹，晾干数日待伤口干燥后盆栽。

春季管理　5—6月当气温回升到20℃以上时，可以用块茎直接上盆，每盆栽种3～5个块茎，浅覆土，以2厘米为宜。浇足定根水，放置在半阴处养护，生根前适当控制浇水，保持盆土略湿即可。每10天左右追施1次稀薄复合液肥，施肥的要诀是少量多次，并少施氮肥，若施用氮肥过量会使叶片失去彩斑。

夏季管理　夏季为其生长旺盛期，应充分保证供水，除盆土浇水外，还要经常给叶面、地面喷水，以增加空气湿度。注意盆土不能积水，否则易引起植株腐烂。夏季强烈的太阳直射会严重灼伤叶片，适当遮阴。但光线也不能太弱，否

则会使叶片徒长而倒伏，并失去光泽。每10天左右施用液肥1次。

秋冬管理　秋分后气温下降，要逐渐减少浇水，直至停水，同时停止追肥。秋冬之际地上部分完全枯萎后扣盆取出块茎，埋入微潮的沙土内贮藏，或留盆直接贮藏。过冬室温不得低于10℃。

要诀 Point

❶ 在散射光的环境中生长良好，光线过强会晒伤叶片，光线过弱叶色会变得暗淡。

❷ 避免过多使用氮肥。

❸ 块茎必须贮藏于微湿沙土中，过干块茎易干缩，过湿易腐烂。

栽培 日历

季节	月份	分株	上盆	浇水	增湿	施肥
春	3	🌱	🪴	💧		🧴
	4	🌱	🪴	💧		🧴
	5	🌱	🪴	💧		🧴
夏	6			💧		🧴
	7			💧	💧	🧴
	8			💧	💧	🧴
秋	9			💧	💧	
	10		🪴			
	11					停肥
冬	12			少水		
	1					
	2					

167

Sansevieria trifasciata

7. 虎尾兰

- 别名　千岁兰、虎皮兰
- 科属　天门冬科、虎尾兰属
- 产地　原产非洲西部，世界各地均有栽培

形　态　多年生常绿植物；有横走根状茎；叶基生，直立，硬革质，扁平，呈长条状披针形，有横带斑纹；花淡绿色或白色，总状花序；浆果；花期11—12月。

习　性　喜温暖，最适生长温度16～25℃，稍耐寒，冬季室温在5℃以上可安全越冬。对土质要求不严，以排水良好的沙壤土为宜。

种养 Point

虎尾兰常用分株与扦插的方式繁殖。

分株繁殖全年都可进行，多在早春换盆时，将生长拥挤的植株，脱盆后细心扒开根茎，每株至少须带一叶或一定完整发育的芽，分栽即成。盆土不宜太湿，否则根茎伤口易感染腐烂。

叶插在春季和夏季进行，以5—6月为宜，选取健壮叶片，剪成5厘米一段，按叶生长方向朝上斜插于沙土中，注意不能倒置，插后4周生根，成活率高。待新芽顶出沙床10厘米时，即可移栽小盆。

夏季管理　夏季应加强通风降温，尽管虎尾兰喜较强光线，但因为夏天阳光灼热，曝晒后叶片会出现黄斑。如果放置在室外养护，则应采取遮阴措施或放置在荫棚下，否则易造成日光烧伤病。生长期每月施1次肥，以复合肥最佳；如果春天换盆时施入了底肥，则不需要追肥。由于其抗旱能力弱，在生长季节应多浇水以保持基质湿润。

秋季管理　秋季管理与夏季管理差不

多，只是到了晚秋要适量减少浇水和施肥。

冬季管理 虎尾兰是南方植物，尽管较耐寒，但冬季温度不能低于3℃，否则其叶片会受冻害而萎蔫。生长适温为夜间温度18～21℃、白天气温24～30℃，越冬温度不应低于12℃，因此在较寒冷的地方养护虎尾兰要进温室，还要控制浇水，保持盆土干燥，这样可增强虎尾兰的抗寒力。

要诀 Point

浇水避免浇在叶簇内，以免积水造成腐烂；冬季盆土"宁干勿湿"，过湿根容易受冻枯死。

解疑 Point

怎样繁殖金边虎尾兰？

金边虎尾兰只能用分株法才能保证子株叶片同样具有金边的特性，如果采用叶插，其叶片的金边会消失。

栽培 日历

季节	月份	扦插	换盆	遮阴	施肥	防寒（北方）
春	3		⊔			
	4		⊔		▯	
	5	⌇	⊔		▯	
夏	6	⌇		⋔	▯	
	7			⋔	▯	
	8			⋔	▯	
秋	9				▯	
	10				▯	
	11					
冬	12					❄
	1					❄
	2					❄

Ficus elastica

8. 橡皮树

- 学名　印度榕
- 科属　桑科，榕属
- 产地　原产不丹、尼泊尔、印度、缅甸、马来西亚、印度尼西亚。中国云南有野生

形　态　乔木；高可达30米，胸径25～40厘米；树皮灰白色，平滑；叶厚革质，呈长圆形至椭圆形，长8～30厘米，宽7～10厘米，先端急尖，基部宽楔形，全缘，表面深绿色，光亮，背面浅绿色，侧脉多；叶柄粗壮，长2～5厘米；托叶膜质，深红色，长达10厘米，脱落后有明显环状疤痕；瘦果卵圆形；花期冬季。

习　性　橡皮树在30℃高温下生长最快，怕酷暑，不耐寒，越冬温度不得低于15℃。喜阳光，春季到秋季应放在阳光下栽培，冬季亦应放在较强光线处。也能耐阴，在室内较低光照下栽培亦可。喜疏松肥沃的腐殖土，能耐轻碱和微酸。

种养 Point

换　盆　通常每2年须换盆1次。可以选择肥沃疏松和排水良好的沙壤土，施足基肥。

光　照　不耐强烈阳光的曝晒，光照过强时会灼伤叶片而出现黄化、焦叶。喜明亮的散射光，有一定的耐阴能力。也不宜过阴，否则会引起大量落叶。5—9月应进行遮阴，或将植株置于散射光充足处。

温　度　喜温暖，生长适宜温度为20～25℃。不耐寒，温度低时会产生大量落叶。安全的越冬温度为5℃。

浇　水　喜湿润土壤环境，生长期间应充分供给水分，保持盆土湿润。冬季低温且盆土过湿时，易导致根系腐烂，因此须控制浇水。

湿　度　喜湿润的环境，生长季空气干燥时，要经常向植株及四周环境喷水，以提高空气相对湿度。

施　肥　橡皮树生长迅速，须及时补给养分。每月追施2次或3次以氮为主的肥料为宜。有彩色斑纹的种类可增施磷钾肥，以使叶面上斑纹色彩亮丽。9月停施氮肥，仅追施磷钾肥，以提高植株的抗寒能力。冬季应停止施肥，因植株处于休眠状态。

修　剪　生长期间应随时疏去过密的枝条和短截长枝。

病虫害　橡皮树易患炭疽病，此病主要发生在夏季高温时期，主要受害部位是叶片。其症状为叶脉两侧出现圆形或椭圆形灰色斑点，在严重时病斑连成一片，扩展至全叶。应在早春新梢生长后，每半个月喷1次1%波尔多液。另外，在发病前或发病初期用50%托布津可湿性粉剂500~800倍液喷施。

栽培 日历

季节	月份	扦插	压条	遮阴	开花	施肥
春	3					
	4					
	5					
夏	6					
	7					
	8					
秋	9					
	10					停施氮肥，追施磷钾肥
	11					
冬	12					
	1					
	2					

Pachira glabra

9. 发财树

- 学名　马拉巴栗
- 科属　锦葵科，瓜栗属
- 产地　原产巴西，在中国华南及西南地区有广泛引种栽培

形　态　常绿小乔木；株高4～5米；小叶呈长圆形至倒卵状长圆形，渐尖，基部楔形，全缘；花单生枝顶叶腋，花瓣为淡黄绿色；蒴果近梨形；花期5—11月，果先后成熟。

习　性　喜高温高湿气候，耐寒力差，幼苗忌霜冻。喜肥沃疏松、透气保水的沙壤土。株型美观，耐阴性强，为优良的室内盆栽观叶植物。

种养 Point

在我国南方地区扦插繁殖一般在3—10月进行，成活率较高，选择健壮、无病虫害的植株顶梢作插穗。扦插完后要及时浇透水和遮盖。扦插生根的最适温度在20～25℃，温度低于15℃不适宜扦插繁殖。

换　盆　每隔1～2年换盆1次，并逐年换稍大规格的盆。

土　壤　将园土泥、木屑、蘑菇泥、鸡粪以8：2：1：1的基质比例拌匀，堆沤半年即可使用。

光　照　在摆放时，必须使叶面朝向阳光，不然会因叶片趋光，形成枝叶扭曲。对光照要求不严，全日照能使株型紧凑，叶片宽而绿，树冠丰满。长期在弱光下生长树体又细又高，影响观赏度。

温　度　最低温度不可低于15℃，最好保持在18～20℃。若温度较低，则会出现落叶现象，严重时造成植株死亡。在深秋和冬季，应注意做好防寒防冻管理。

浇 水 浇水原则"宁湿勿干"，夏季高温季节多浇，冬季少浇。但浇水量不宜过大，会造成植株烂根，导致叶片下垂脱落。此时应立即将其移至阴凉处，浇水量减至最少，只停止施肥水，植株可逐渐恢复健壮。

湿 度 生长季节经常给枝叶喷水以增加必要的湿度，如湿度较低会出现落叶现象，严重时枝条光秃直至死亡。

施 肥 以腐熟有机肥料为基本肥料混合于栽培基质中即可。生长旺季少施氮肥以防徒长，夏季高温时施较少的肥，冬季寒冷时停肥。

病虫害 发财树常见病害是叶枯病。发现病叶后及时摘除并烧毁，叶枯病发病初期每隔10～15天喷施50%多菌灵800倍液、70%百菌清800倍液或75%甲基托布津800倍液，连续两三次可控制病害。常见虫害是蔗扁蛾。蔗扁蛾幼虫危害发财树，可用50%的马拉硫磷800倍液喷杀幼虫。

栽培 日历

季节	月份	播种	扦插	施肥	防寒防冻	增湿
春	3		↓			💧
	4		↓			💧
	5		↓			💧
夏	6		↓			💧
	7		↓	少肥		💧
	8		↓			💧
秋	9	～	↓	▯	▯	💧
	10	～	↓	▯	▯	💧
	11	～	↓	▯	❄	💧
冬	12				❄	
	1			停肥	❄	
	2				❄	

Chrysalidocarpus lutescens

10. 散尾葵

- **别名** 黄椰子、凤凰尾
- **科属** 棕榈科，散尾葵属
- **产地** 马达加斯加

形 态 多年生常绿木本观叶植物；高2～5米；叶羽状全裂，长约1.5米，黄绿色，表面有蜡质白粉；圆锥花序生于叶鞘之下，花小，卵球形，金黄色，螺旋状着生于小穗轴上；果实呈倒卵形；花期3—5月，果期8月。

习 性 喜温暖、湿润和半阴的环境。不耐寒，越冬温度在10℃以上，若低于此温度，易死亡。怕强烈阳光直射，但过于阴暗对其生长也不利。要求含有较多有机质和养分的排水良好的土壤。

种养 Point

分株繁殖一般在春季进行，结合换盆进行分株。选分蘖多的植株，去掉部分泥土，用利刀或枝剪从基部连接处将其分割成若干丛，保证每丛有苗2株以上，并注意保持树形的优美形态。然后直接上盆定植。

春季管理 春季一般盆栽要出温室和换盆，4—5月可结合换盆分株移栽。盆土宜用黏质壤土与腐叶土各半，再掺以少量黄沙混合配制，并且掺入充足的迟效性复合肥。

夏季管理 以浇水和施肥为主，夏季生长旺盛时，每天要给叶片表面及其周围喷水，保证环境有较高的空气湿度，如果夏季浇水不足和空气干燥会造成叶片发黄和枯尖。每隔10天就要施1次液肥，注意不要将肥水洒在叶面上。夏季还要适当遮阴。

秋季管理 秋季若阳光仍很强，要继续遮阴，否则会使植株失去光泽，影响观赏价值。施肥以酸性肥料为宜，最好追施硫酸亚铁来调节土壤酸碱度。保持盆土湿润，以防止叶片发黄。

冬季管理　散尾葵耐寒力弱，对低温十分敏感。冬季应减少向盆土浇水，可向叶面少量喷水，但应保持叶片清洁。冬季冷湿很容易造成叶斑病和冻害。叶斑病可通过修剪和喷杀菌药来防治。

要诀 Point

❶ 夏季浇水不足和空气干燥会造成叶片发黄和枯尖。

❷ 冬季冷湿很容易造成叶斑病和冻害。

❸ 不耐碱土，在我国北方地区养护要追施硫酸亚铁来调节土壤酸碱度。

栽培 日历

季节	月份	播种	分株	开花	结果	换盆	浇水	施肥	病虫害	观赏
春	3	✓		✓					✓	✓
春	4	✓	✓	✓		✓			✓	✓
春	5			✓			✓	✓	✓	✓
夏	6						✓	✓		✓
夏	7						✓	✓	✓	✓
夏	8				✓		✓	✓		✓
夏	9						✓	✓		✓
秋	10									✓
秋	11									✓
秋	12									✓
冬	1									✓
冬	2									✓

Tips: 散尾葵喜光照，但不喜强烈的夏季光照直射，一般于5月中旬至9月上旬遮阴60% ~ 80%。

Bambusa multiplex var. *riviereorum*

1. 观音竹

- 别名　凤凰竹、凤尾竹
- 科属　禾本科，簕竹属
- 产地　中国华南、西南地区

形态　常绿直立灌丛；竿高可达2～3米，茎节有分枝，小枝常具5～10片叶，叶为线状披针形；笋期秋季。

习性　喜光，但也耐阴，耐旱怕涝，偏好温暖湿润的环境。喜疏松、富含腐殖质的基质，在酸性土壤中生长良好，不耐盐碱。

种养 Point

　　盆栽应选择口径大的容器，以利于地下茎横伸，不致株丛过密。早春时节，可进行翻盆换土，若为老株，最好分盆另栽。

　　观音竹采用分株繁殖，一般在4月下旬进行。将植物脱盆，分丛后每个花盆种植2～4丛，保持土壤湿润一段时间后即可生根发芽。

土壤　土培的时候，土壤最好选择专门配置的排水良好、中性或微酸性的营养土，比如用腐叶土、细沙、园土混合配制，也可加入蛭石、泥炭土等。

光照　因为观音竹喜欢半阴而怕强光，平时可以将它摆放在光线比较明亮的地方，最好有散射光但没有阳光直射。可以将其短暂放在比较荫蔽的地方，但不能长期缺乏光照，否则可能会导致叶片发黄。

温度　观音竹是比较耐高温的植物，但其耐寒能力并不强，如果气温较低可能会导致冻伤，叶子边缘变焦后脱落。在冬季一定要注意环境温度的变化，保持在4℃以上使其顺利越冬。

浇　水　给观音竹浇水应遵循"宁湿勿干"的原则，气候干燥时应向叶面喷水雾，尤其在北方的夏季，但要避免出现积水或者渍水。

施　肥　通常每个月施肥1次，以有机肥为宜，不可光施氮肥而忽略其他营养元素的补充。夏季可追施3次液肥。

❷ 定期换盆。观音竹一般2～3年换盆1次，用新的营养土种植可以避免之前的土壤板结造成的排水不畅，同时营养也能更丰富。

❸ 冬季的养护与其他季节有很大差异，除了要控制温度在4℃以上，还要做到减少浇水、停止施肥，并将观音竹移至光照较充足的阳台、窗边。

要诀 Point

❶ 及时修剪。及时将老旧叶片减掉，减少养分消耗，促进新叶生长。

栽培 日历

季节	月份	分株	定植	笋期	换盆	浇水	施肥	病虫害
春	3	🌱	🎋		🪴			
	4	🌱	🎋		🪴			
	5							
夏	6		🎋			💧	🟦	🦗
	7		🎋			💧	🟦	🦗
	8					💧	🟦	🦗
秋	9			🌾				🦗
	10			🌾				🦗
	11			🌾				
冬	12							
	1							
	2		🎋					

Bambusa ventricosa

2. 佛肚竹

- 别名 佛竹、罗汉竹、大肚竹、葫芦竹
- 科属 禾本科，簕竹属
- 产地 中国广东

形　态　常绿丛生竹类；其竹竿有2种形态，正常为圆筒形，高8～10米，直径3～5厘米；另常见畸形竿，高半米左右，每节长度较短，上部收紧变窄，基部隆起变宽，瓶状似大肚腩。叶披针形，长9～18厘米，宽1～2厘米，背面有短柔毛。

习　性　喜温暖，喜阳，生长适宜温度18～30℃，稍耐寒，冬季最低可耐0℃左右，但忌长期处于低温环境。较耐潮湿，种植以含腐殖质丰富的沙壤土为宜。

种养 Point

土　壤　佛肚竹要用疏松、含有腐殖质的沙壤土，最好不要选用比较黏重的土壤，会影响它正常生长。

温　度　佛肚竹喜欢温暖的生长环境，不耐寒，冬季要将温度保持在8℃以上，若温度低于4℃，容易遭受冻害。最好将其放在向阳背风的地方，秋末温度较低时，最好移入室内养护。

浇　水　佛肚竹属于耐水湿植物，所以要保证盆土处于湿润的状态，浇水要浇透，不过不能产生积水，否则容易导致烂根。夏季温度高的时候，一天可以浇2次水，冬季控制浇水量。

施　肥　施肥不要过重，若施肥量太大就会引起枝叶徒长。在每年的3—9月，每月施1次充分腐熟的稀薄液肥即可，在生长期最好每月施1次氮肥水。

病虫害　常发生的病害有锈病和黑痣病，锈病可用50%萎锈灵可湿性粉剂2000倍液喷洒，黑痣病则用50%甲基托布津可湿性粉剂500倍液喷洒。易发生的虫害是介壳虫，在若虫期喷洒灭害灵，并加入适量煤油，喷虫体有封闭窒息的作用。

解疑 Point

如何让佛肚竹长出更多的"佛肚状"竿?

❶ 新竹长至生长旺期，进行截顶，并通过控水抑制长高。

❷ 尽量疏去夏季萌发的竹笋，保留秋后萌发的竹笋，秋后萌发的竹笋更易长成畸形竿。出笋后逐渐剥去包笋箨片，促进侧芽生长。

❸ 多施磷钾肥，少施氮肥可促进发育为畸形竿。

栽培 日历

季节	月份	扦插	分株	笋期	换盆	施肥
春	3	🔽	🌱		🏺	🏺
	4	🔽	🌱		🏺	🏺
	5	🔽				🏺
夏	6			🔺		🏺
	7			🔺		🏺
	8	🔽		🔺		
	9	🔽		🔺		
秋	10			🔺		
	11					
冬	12					
	1					
	2		🌱			

Tips: 佛肚竹植株低矮秀雅，节间膨大，状如佛肚，形状奇特，枝叶四季常青，是制作盆景极好的材料，在我国南方地区多用来布置庭院。

Cortaderia selloana 'Pumila'

3. 矮蒲苇

- 科属　禾本科，蒲苇属
- 产地　南美洲

形　态　多年生常绿草本植物；株高120厘米；叶聚生于基部，长而狭，边有细齿，呈灰绿色，被短毛；圆锥花序大而稠密，呈羽毛状，长50～100厘米，银白色至粉红色。大多在7月底开花，可一直持续至冬初。

习　性　性强健，耐寒，喜温暖、阳光充足及湿润气候。

种养 Point

　　矮蒲苇植株长势强健，分生能力强，种植时要留有较大的生长空间。

土　壤　矮蒲苇对土壤的要求不高，适宜栽种在肥沃、排水性好的腐殖土中，常栽种于园林或岸边。

光　照　矮蒲苇喜光照充足、温暖的环境。可以接受太阳的直射，对光照需求大，盆栽的矮蒲苇可以放置在有太阳照射到的阳台和通风处。

浇　水　矮蒲苇多种植于室外，种植期间要保持土壤的湿度，当植株成活后，不需要经常浇灌，靠自然降水就可以正常生长。在浇水时应直接对根部浇灌，保持叶片干燥。

施　肥　矮蒲苇通常不须施肥，肥力过足会导致徒长，易倒伏，影响观赏效果。

修　剪　种植1～2年须对植株进行修整。每年冬末或早春对老茎秆进行剪除，使新芽免受遮蔽，保持较快生长。

要诀 Point

❶ 分株是维持旺盛生命力的有效方法，通常每3年分株1次。

❷ 矮蒲苇种植应当相对疏散，如果种植过密可能诱发病虫害，过分拥挤也会影响生长，导致部分植株枯死。

❸ 矮蒲苇大多在春季进行繁殖，如果秋季分株繁殖，则容易导致死亡，根深而密，移植时需要断根。

栽培 日历

季节	月份	播种	分株	开花	病害	修剪	观赏
春	3						
	4						
	5						
夏	6						
	7						
	8						
秋	9						
	10						
	11						
冬	12						
	1						
	2						

Tips: 矮蒲苇多用于园林绿化和岸边栽植，其花穗长且美丽，庭院栽培壮观而雅致，或植于岸边，入秋赏其银白色羽状穗的圆锥花序。也可用作干花，具有优良的生态适应性和观赏价值。

Pennisetum alopecuroides

4. 狼尾草

- 别名　狗尾巴草、戾草、光明草
- 科属　禾本科，狼尾草属
- 产地　中国东北、华北、华东、中南及西南各地区均有分布

形　态　多年生草本植物；须根较粗壮；秆直立，丛生；叶片线形，长10～80厘米，宽3～8毫米；圆锥花序直立，长5～25厘米，形似狼尾状；颖果长圆形，长约3.5毫米；6—11月开穗，花果期夏季、秋季。

习　性　喜光照充足的生长环境，耐旱、耐湿，亦能耐半阴，且抗寒性强。适合温暖、湿润的气候条件，当气温达到20℃以上时，生长速度加快。抗倒伏，无病虫害。

种养 Point

狼尾草采用种子繁殖。

一定要选择饱满、抗病能力强的优良新品种，千万不要选质量差的种子；须选择疏松肥沃、排水性好的地块，深翻土壤并晒土，施足底肥，可以有效地杀虫灭菌，有利于狼尾草的生长。

由于种子小，幼芽顶土能力差，因此翻土要精细，利于出苗。当温度稳定在15℃时播种为宜。5月上中旬至6月底播种，能得到较高的草产量。播种时要掌握好土壤水分，播后覆土深度1.5厘米左右，5～6天即可出苗。播种时不能过密，否则会影响种子发芽速度和植株后期的生长。

施　肥　狼尾草的生长离不开肥料，所以在种植前就需要施足底肥，在生长过程中还需要每个月定期追肥2次。追肥后要浇水，以利养分的吸收。

修　剪　狼尾草长势过旺时，适时进行修剪和分株，以免呈现出荒野之气。入冬前应将地上部分剪除。

病虫害 狼尾草因其生长良好，较少有病虫害发生。

栽培 **日历**

季节	月份	播种	分株	开花	修剪	观赏
春	3	～	⅄		✂	
	4		⅄			
	5		⅄			✿
夏	6		⅄	❀		✿
	7			❀		✿
	8		⅄	❀		✿
秋	9	～		❀		✿
	10			❀		✿
	11			❀		✿
冬	12					
	1					
	2	～			✂	

Tips: 要注意庭院观赏草的杂草化控制。落粒自繁及地下根茎蔓延生长迅速是造成草害的重要原因，像狼尾草这类观赏草基本上都有这样的问题。解决办法是在其四周埋上隔离板防止地下根茎蔓延，或种植在容器中，阻止根茎扩散。

Carex oshimensis 'Evergold'

5. 金丝薹草

- •别名　桑金莎草、金叶薹草
- •科属　莎草科，薹草属
- •产地　新西兰

形　态　多年生草本植物；株高20厘米；叶片上有条纹，两侧为绿边，中央呈黄色；穗状花序；花期4—5月。

习　性　喜光，耐半阴、不耐涝，适应性较强。对土壤要求不严，但低洼积水处不宜种植，容易烂根。有一定的耐寒性，在我国黄河以南地区可露地越冬。

种养 Point

金丝薹草对土壤和环境的适应性较强，在我国华东地区可露地越冬，地上部分叶片未见冻害，生长速度中等。繁殖主要用分株法，春季、秋季进行，以两三个芽为一丛分植，成活率极高。

光　照　叶片处于荫蔽的环境会比处于阳光下颜色更深。长时间在阴暗处生长植株会凋零，生长期应保证每天有3～5小时的光照时间。

温　度　金丝薹草的耐寒能力较强，养护的温度在−12℃以上就可以存活。金丝薹草的植株长得越健壮，其耐寒能力就越强。

水肥管理　喜欢湿润、排水良好的土壤，生长期保持土壤湿润即可。耐瘠薄，一般不必另外施肥。

修　剪　夏季清理掉所有枯萎的叶片。如果见到叶子部分枯黄，也可以修剪掉。

病虫害　金丝薹草的基部容易受到蚜虫的侵害，可采用喷水的方法防治，不必喷施农药。

栽培 日历

季节	月份	分株	开花	修剪	观赏
春	3	🌱			
	4	🌱	🦋		👁
	5	🌱	🦋		👁
夏	6	🌱		✂	👁
	7	🌱		✂	👁
	8	🌱		✂	👁
秋	9	🌱			👁
	10	🌱			👁
	11	🌱			👁
冬	12	🌱			
	1				
	2				

Tips：金丝薹草是一种非常好看的景观植物，看起来和吊兰有点相似，不过金丝薹草的叶片更加狭长，且叶子上的斑纹更加显眼。金丝薹草可以用来布置花境，看起来非常有层次感，可以布置在大型花坛中，或者是搭配其他植物进行组合盆栽。

Citrus japonica

1.金 橘

- 学名 金柑
- 别名 金弹、牛奶金柑、枣橘、金枣
- 科属 芸香科，柑橘属
- 产地 中国南部温暖地区

形 态 常绿灌木或小乔木；树高可达3米；叶质厚，浓绿，呈卵状披针形或长椭圆形；单花或2～3朵花簇生；果呈椭圆形或卵状椭圆形，橙黄色至橙红色，果皮味甜，果肉味酸；花期5—7月，果期10—12月，盆栽可多次开花。

习 性 喜光照充足、温暖湿润环境，亦稍耐阴，较耐旱和耐寒，忌霜冻，适生于土层深厚、肥沃、疏松、排水良好的微酸性沙壤土，但也耐贫瘠。喜肥，适应性和抗病性都强。

种养 Point

春季管理 修剪是金橘栽培重要的一环。每年应于春芽尚未萌发时进行1次重剪，剪去枯枝、病虫枝、过密枝和徒长枝。保留三四个头年生枝条，再每枝留两三个芽进行短截。待新梢长至15～20厘米时进行摘心，这样的金橘株型优美，结果多。不能剪除春梢，有谚云："修剪金橘，春梢留，秋梢除。"盆栽金橘一般每2年换盆1次。金橘喜肥，换盆时应施足基肥，换盆后须浇透水。金橘喜湿润但忌积水，盆土过湿容易烂根，最好用砖将花盆垫起。金橘每年春季抽生枝条，5—6月由当年生春梢萌发结果枝，自结果枝的叶腋开花结果，所以要养好春梢。从新芽萌发开始到开花前为止，可每隔7～10天施1次薄肥水。

夏季管理 入夏之后，宜多施磷肥。开花时须施追肥保花，并适当疏花。

秋季管理　金橘坐果后，按树势强弱应疏果1次，限定每枝上结果两三个或更多，并及时抹除秋梢，不使二次结果，以利果形大小、成熟程度一致，提高观赏价值。盆栽金橘秋冬移入室内养护。

冬季管理　放在阳光充足的地方越冬，注意通风换气。冬季浇水要适量，天冷控制浇水。叶面必须保持清洁，可用温水清洗叶面，以免灰尘污染。春节观赏后，应及时采摘果实，以免消耗养分，影响以后生长。采果后应施腐熟液肥，以恢复树势。

病虫害　用多菌灵、百菌清等防治炭疽病、煤污病等病害。常见虫害有柑橘凤蝶、介壳虫、红蜘蛛等，发生期喷敌百虫防治。

栽培 日历

季节	月份	嫁接	开花	修剪	结果	施肥	观赏
春	3	⚊					
	4	⚊					
	5		🌸	✂		▢	👁
夏	6		🌸	✂		▢	👁
	7		🌸	✂		▢	👁
	8	⚊		✂		▢	
秋	9	⚊					
	10				🍊	▢	👁
	11				🍊	▢	👁
冬	12				🍊	▢	👁
	1			✂			
	2			✂			

Tips: 适当的盆土温度和散射光可以有效延长金橘观赏期。浇水适度，盆土"勿干勿湿"。

Citrus maxima

2. 柚 子

- 学名　柚
- 别名　文旦、香栾、朱栾、雷柚、碌柚、胡柑
- 科属　芸香科，柑橘属
- 产地　中国江西省、广东省、广西壮族自治区

形　态　常绿乔木；柚子的叶似柑、橘，叶柄具有宽翅，叶下表面和幼枝有短茸毛；总状花序，花大，白色；果实大，呈球形或梨形，黄色，果面光泽有凹点，有刺激性气味，果皮相对较厚，用手即可剥离，味酸可口；花期4—5月，果期9—12月。

习　性　柚子性喜温暖、湿润气候，不耐干旱。生长期最适温度23～29℃，能忍受-7℃低温，夏季高温下只要保持良好肥水条件即可生长。柚子需水量大，但不耐久涝，较喜阴，尤喜散射光。柚子属深根性，要求土层深，对土壤要求不严，在富含有机质、pH值为5.5～7.5的土壤中均可生长。

种养 Point

土　壤　柚子的根系较发达，对土壤的要求相对较高。土壤须肥沃且具备良好的透气及保水能力，同时不容易积水过涝，腐殖质含量须达到3%以上，种植前可施适量骨粉作为底肥，有利于其苗壮生长。

光　照　柚子比较喜光，最好在光照充足的环境下种养，如果将其种植于光线明亮的室内，可能导致其只开花，不结果。

温　度　柚子相对比较耐寒，其原产地平均气温为17.5℃，如果冬季环境温度偏低，须注意采取保暖防寒措施，助其越冬。

施 肥 在未结果前的幼树阶段，植株根系较浅，吸收养分能力不强，所以这时应加强水肥管理，勤施薄肥。每年1月中下旬的春梢肥、10月下旬至11月下旬的采果肥都必不可少，最好以有机氮肥为主，能够促进其苗壮生长，开花结果。

病虫害 黄龙病、溃疡病、疮痂病、炭疽病是柚子的主要病害，柚子主要虫害有红蜘蛛、锈壁虱等螨类，糠片蚧、矢尖蚧、褐圆蚧等蚧类，柑橘潜叶蛾，吉丁虫类等。防治方法为喷施针对性药物

进行灭杀并喷施新高脂膜粉剂增强药效和灭杀效果。

要诀 Point

❶ 要想让柚子幼树一年抽梢四五次，必须注意肥水的充足。

❷ 柚子树适宜栽种在温暖潮湿的环境，但要注意忌荫蔽。

❸ 幼树要施足促梢肥，将全年施肥量的90%安排在采果后至初夏，夏季施钾肥。

❹ 注意剪除密枝、直立枝、旺盛枝。

栽培 日历

季节	月份	嫁接	定植	开花	结果	施肥	修剪	病虫害	观赏
春	3	🔪	✂						
	4			🌸		🪣			🐛
	5			🌸		🪣	✂		🐛
夏	6					🪣		🐛	
	7					🪣			
	8							🐛	
秋	9	🔪	✂		🍊				
	10		✂		🍊	🪣			🐛
	11				🍊	🪣		🐛	🐛
冬	12				🍊	🪣	✂		
	1					🪣	✂		
	2		✂						

3. 蓝 莓

Vaccinium corymbosum

- 学名　高丛越橘
- 科属　杜鹃花科，越橘属
- 产地　原产不丹、尼泊尔、印度、缅甸、马来西亚、印度尼西亚。中国云南有野生

形　态　灌木丛生；高丛蓝莓树高一般1～3米，半高丛蓝莓树高50～100厘米，矮丛蓝莓树高30～50厘米。蓝莓根系多而纤细，粗壮根少，分布浅，没有根毛；叶片为单叶互生，稀对生或轮生，全缘或有锯齿；总状花序，花瓣白色或粉红色；果实呈球形、椭圆形、扁圆形或梨形，大小和颜色因种类而异，多数品种成熟时果实呈深蓝色或紫罗兰色，如兔眼蓝莓、高丛蓝莓和矮丛蓝莓等，少数品种为红色。

习　性　蓝莓喜湿好阳，对肥力要求不高，喜通风良好的环境。

种养 Point

南高丛蓝莓适合较温暖的气候，北高丛蓝莓最适合冷量的气候条件，矮丛蓝莓只适合在我国北方地区露天栽种。

选　盆　最好选泥瓦盆。泥瓦盆透气性强，最好不要用上过釉的瓷盆。

土　壤　蓝莓在酸性土壤中才能健康成长，最佳土壤pH值在4～5之间。

定　植　定植后遮阴，在通风处放1周缓苗。1周后搬到阳台外正常养护。

光　照　蓝莓喜阳，若缺乏充足的阳光，生长会停滞，即使开花，也不结果。

浇　水　蓝莓喜湿，尤其在夏季，每天都须给足水。盆栽水分充足，其叶会碧绿油亮，生机盎然。但也要注意不能积水，易烂根。

施　肥　蓝莓对肥要求不高，不易施大肥。在介质中有一定量的腐叶土基本就能满足蓝莓生长需要，平时还是需要适量追肥，以保证果实的正常生长与品质。

栽培 日历

季节	月份	定植	施肥	开花	采收
春	3		🗋	🌸（南方）	
	4			🌸（北方）	
	5		🗋	🌸（北方）	
夏	6				🧎
	7				🧎
	8				🧎
秋	9				
	10				
	11	🧍			
冬	12	🧍			
	1	🧍			
	2	🧍			

Tips：蓝莓果实中含有丰富的营养成分，尤其富含花青素。蓝莓栽培最早的国家是美国，但至今也不到百年的栽培史。因为其具有较高的营养价值所以风靡世界，是联合国粮食及农业组织推荐的五大健康水果之一。

Eriobotrya japonica

4. 枇 杷

- 别名　芦橘、金丸、芦枝
- 科属　蔷薇科，枇杷属
- 产地　中国西南地区

形 态　常绿小乔木，高可达10米；小枝粗壮，黄褐色；叶片革质，呈披针形、倒披针形、倒卵形或椭圆形；圆锥花序顶生，花瓣白色；果实呈球形，直径2~5厘米，黄色或橘黄色，外有锈色柔毛，不久脱落；扁球形种子1~5颗，褐色，光亮，种皮纸质；花期10—12月，果期5—6月。

习 性　在年平均气温12℃以上能正常生长，忌严寒天气。喜光，稍耐阴，适宜温暖气候和肥沃湿润、排水良好的土壤。生长缓慢，寿命较长，嫁接苗4~6年开始结果，15年左右进入盛果期，40年后产量减少。

种养 Point

土 壤　一般土壤都能种植枇杷，以含砂或石砾较多的疏松土壤为宜。

温 度　冬季和春季的低温会影响枇杷的开花结果。气温-6℃时开花即产生冻害，-3℃时对幼果即产生冻害；10℃以上花粉开始发芽，20℃左右花粉萌发最合适。夏季气温30℃以上时，枝叶和根生长滞缓，果实在35℃的高温下易灼。

施 肥　有机肥与无机肥结合施用。注意进入盛果期后，每年春季、秋季各施肥1次。

修 剪　夏季修剪必须以通风透光、增强树势为前提条件。结果枝要短截，衰弱结果枝要更新，已萌芽的春梢侧枝保留一两个枝梢。视树冠的长势情况酌情间疏，短截或拉枝保留。对伤口过大的主枝需要及时用石硫合剂涂抹伤口，以防伤口被病菌侵染。

病虫害 枇杷常常会受到枝干腐烂病、叶斑病等的危害。夏季高温多雨时，叶面喷施30%爱苗3000倍液和2%加收米300倍液防治叶斑病、炭疽病等。将比例为1∶2的冠菌铜和绿风95调成糊状，每隔四五天涂抹树干1次，连抹3次，防治枝干腐烂病。

要诀 Point

如何提高枇杷的产量？

❶ 枇杷生长迅速的同时，也加快了对水分的消耗，所以要及时浇水。当枇杷结果后，就要减少浇水，这样能提高枇杷果的质量和口感。

❷ 枇杷开花繁多，但是并不是所有的花朵都能授粉成功并结出枇杷果，所以要做好疏花工作，减少一些不必要的花朵汲取养分。及时疏果，让枇杷能集中精力汲取养分。

❸ 合理密植，使枇杷生长的环境空气流通，光照充足。及时做好防病虫害工作。

栽培 日历

季节	月份	嫁接	压条	播种	定植	换盆	开花	结果	施肥	疏果	观赏
春	3										
	4										
	5										
夏	6										
	7										
	8										
秋	9										
	10										
	11										
冬	12										
	1										
	2										

Tips: 冬季开花，花期较长；实生或嫁接均可繁殖。

Nandina domestica

5. 南天竹

- 别名　蓝田竹、红天竺、天烛子
- 科属　小檗科，南天竹属
- 产地　中国、日本

形　态　常绿直立灌木；叶互生，三回羽状复叶，长30～50厘米；圆锥花序直立，花小，白色，具芳香，花瓣长圆形；浆果球形，鲜红色；花期3—6月，果期5—11月。

习　性　性喜温暖湿润，要求半阴环境，在强光直射下生长不良，叶色不正，且难以结实。但环境过于荫蔽，则茎细叶长，株丛松散。喜排水良好的肥沃土壤。

种养 Point

南天竹用播种、分株和扦插的方式进行繁殖。

果熟后最好随采随播，一般播种后要3个月才能发芽。可于早春挖掘根际萌发的分蘖苗栽植，或结合早春换盆将丛生植株分株上盆，1～2年后即可开花结实。扦插宜选一年生枝条，截成12～15厘米的小段，于春季插入沙土中，插后遮阴，保持土壤湿润，成活率高。

春季管理　盆栽南天竹时，每年早春4月应进行换盆，盆栽用土应选用排水良好、含大量腐殖质的沙壤土。换盆后略加修剪整形，把枯枝及高低不齐的枝条修剪整齐。

夏季管理　花时正值梅雨季节，常因授粉不良而结实不好。人工授粉或新梢生长前在植株周围20～40厘米距离范围的用铲子断根，可提高结实率。夏季在室外应放在阴凉处，高温干燥和中午的强烈日光照射会使叶子变红。在每天浇水的同时，应向附近地面洒水，以保持空气湿润。每10～15天浇1次稀薄液肥，以促进生长。

秋季管理　秋季也可进行分株繁殖。播种苗生长缓慢，第一年约长3厘米，第二年约长20厘米，3～4年高达50厘米才开始开花结果。盆栽南天竹，应于10月上旬寒露前移入室内，过晚，叶子会因霜冻变红。

冬季管理　一般为了常年观赏，多作盆栽于冬季移入室内摆放，室温保持不结冰即可。冬季应控制浇水，摆放在早晚可见直射光而中午又能避免阳光直晒的地方。每隔7～10天要用与室温相近的温水喷洗1次枝叶。在冬季植株进入休眠期或半休眠期时，要把瘦弱枝、病虫枝、枯死枝、过密枝等枝条剪掉。也可结合扦插对枝条进行整理。

栽培 日历

季节	月份	播种	扦插	分株	开花	结果	施肥	修剪	观赏
春	3		●	●	●				
	4				●				
	5				●	●	●		●
	6				●	●			●
夏	7					●			●
	8					●	●		
	9					●			
秋	10	●				●	●		●
	11					●			●
	12								●
冬	1							●	●
	2		●	●				●	●

Tips: 将南天竹放在采光良好的地方有助于其生长和观赏价值的提高。

Nepenthes mirabilis

1. 猪笼草

- **别名** 水罐植物、猴水瓶、猪仔笼、雷公壶
- **科属** 猪笼草科，猪笼草属
- **产地** 主要分布在东南亚一带和大洋洲的巴布亚新几内亚，以婆罗洲和苏门答腊岛最为丰富

形 态 能够捕食昆虫的多年生藤本或直立草本植物；高0.5～2米；茎木质化或半木质化，陆生或附生于树木；总状花序，花绿色或紫色，长20～50厘米，被长柔毛；蒴果成熟开裂后散出种子；花期4—11月，果期8—12月。

习 性 喜湿、耐阴、怕强光，持久的强光照射会灼伤它们的叶片，造成叶片发黄，因此宜放于有明亮散射光的窗台或阳台附近。依猪笼草原生地海拔的不同（以海拔1200米为标准），可分为低地猪笼草和高地猪笼草，前者喜炎热潮湿的环境，对温差无过多要求；而后者生长则需要一个温差较大的环境。

种养 Point

猪笼草叶的构造复杂，分叶柄、叶身和卷须。卷须尾部扩大并反卷形成瓶状，可捕食昆虫。瓶状体的瓶盖能分泌香味，引诱昆虫。瓶口光滑，昆虫会被滑落瓶内，被瓶底分泌的液体淹死，并分解虫体营养物质，逐渐消化吸收。

土 壤 猪笼草的基质需要疏松、透气、透水性好，参考配方为3份水苔、2份珍珠岩、2份树皮、泥炭、泡沫粒、海绵粒。

光 照 大部分猪笼草品种喜阳，充足的光照是养出巨大且鲜艳的捕虫笼的必要条件之一。但由于猪笼草需要较高的空气湿度，而长时间直晒会使环境温度骤升，有可能灼伤猪笼草，因此明亮的散光照射更好或某时段进行适当遮阴。

浇 水　猪笼草喜欢疏松透气、透水、稍湿的土壤，而且最好使用含矿物质较少的软水浇水。

湿 度　猪笼草通常生长在较为潮湿的地区。较其他食虫植物而言，猪笼草对湿度的要求是最高的，湿度至少要达到50%以上。长时间低湿度会致捕虫笼枯萎或不结新笼。若栽培环境湿度较低，可使用玻璃缸、套袋等方法进行闷养，闷养时注意放置于有明亮散射光的地方，不能长时间接受直射光照射。

施 肥　若猪笼草有丰富虫源捕食，就无须施肥。人工投喂昆虫也可以，但最好不要盲目向幼年或新移栽的猪笼草投喂，因其还不具备完整的消化能力，投喂后腐烂死亡的昆虫可使捕虫笼坏死。若顾及家庭种养的环境卫生，也可改为对猪笼草施肥以补充养分，使用速溶的叶面肥，请勿将非缓释肥料直接施用到土壤中。

栽培 日历

季节	月份	扦插	换土	浇水	施肥	光照
春	3		◣	每天浇水1次或2次	施缓释肥	正常光照
	4					
	5					
夏	6			每天浇水3次或4次	每月淋施1次或2次稀薄的有机液肥（牛粪腐熟液）	用遮阳网遮阴
	7					
	8					
秋	9			每天浇水1次或2次		
	10					
	11					置于阳光充足处莳养
冬	12			少浇水；向叶面及周围喷水，保持环境湿度	不施肥	
	1					
	2		◣			

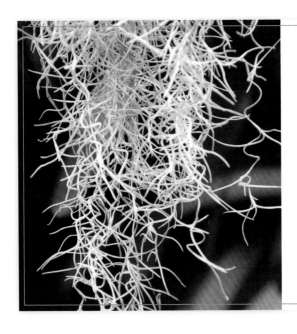

Tillandsia usneoides

2. 松萝凤梨

- 学名　老人须
- 别名　松萝铁兰、气生凤梨
- 科属　凤梨科，铁兰属
- 产地　中美洲、南美洲

形　态　多年生草本植物，植株直接在空气中下垂生长，形如少女长发，这也是它最大的观赏特色。茎纤细，叶互生，呈半圆形，叶表披银灰色鳞片。它们的根部已经退化成木质纤维，只能起到一定的固定作用，失去了一般植物"根"的功能，所以松萝凤梨的根系可以完全暴露在外而不影响生长，有时甚至看不到它的根。花黄绿色、有芳香，花萼紫色。结蒴果，成熟后裂开，散发带羽状冠毛的种子，随风传播。

习　性　松萝凤梨是一种无须任何土壤等栽培基质，也不必种植在水中的气生类植物。它通过叶表的银灰色鳞片吸收空气中的水分与养分，因此只要喷水就可以成长，不需要特别照顾，不过生长

较慢。喜阳光充足、通风良好、高湿度的环境，耐寒力强。该植物通常一株只开1朵花；少数情况下一株有2朵。每一株不一定每年都会开花，每朵花大约开4天。

- - - - - - - - - - - - - - - - - -

种养 Point

温　度　生长适宜温度为20～30℃，冬季5℃以上即可过冬。春季和夏季，若处于高温多湿的地区，可直接放置于露天，让其自然生长，接受外界环境的日晒雨淋；如果在我国华南以北地区，除夏季外，为避免受到低温冻伤，应置于室内养护。

浇　水　在植物生长期，每周喷水2次或3次，还可喷洒少量低浓度的营养

液。此外，每周最好将其置于清水中浸泡1次，每次10～20分钟即可。而若在水质较硬的我国北方地区种养此植物，最好向植株喷洒一些pH值较低的水源，如蒸馏水、纯净水。

施　肥　松萝凤梨因自身的特殊构造，对肥料要求并不高。若要其在家庭养殖环境下能够正常开花，建议在春末夏初开花期间，适当增加磷肥用量。

要诀 Point

松萝凤梨的承载物不能为铝制和铜制，长期接触会致死。松萝凤梨不耐空气污染，长期置于重度污染的环境中会死亡。若想使其保持旺盛生长的态势，注意营造和保持高湿环境。

栽培 日历

季节	月份	扦插	泡水	施肥	观赏
春	3				全株观赏
	4			增施磷肥	
	5		每周喷淋植物2次，浸泡清水1次		观花闻香
夏	6				
	7			每15天浸1次稀释肥水	
	8				
秋	9				
	10			喷淋水溶肥	全株观赏
	11		因温度低，尽量保持植物体适度干燥		
冬	12				
	1			无须施肥	
	2				

Tips: 若家中光线条件不好，可尽量将松萝凤梨放在露台或阳台上，因为其接受阳光越强，长得越快。松萝凤梨不耐空气污染，早年在美国有工厂的地方都基本消失了，所以在污染严重的城市，建议划定室内栽培区，加强该区的湿度通风条件，将松萝凤梨引入室内栽培。

3. 观赏苔藓

- 科属　泥炭藓属、黑藓属、葫芦藓属
- 产地　中国

形　态　小型的绿色植物，结构十分简单，仅茎和叶，有时只有扁平的叶状体，没有真正的根和维管束。

泥炭藓属植物的原丝体呈片状，植物体柔软，呈灰白色或灰绿色，高可达数十厘米，呈垫状生长，茎纤细；黑藓属植物疏丛生而常散列，体高不及1厘米，褐绿色或黑色，茎直立；葫芦藓属植物的植物体矮小，茎短而细，叶片呈卵圆形、舌形、倒卵圆形、卵状披针形或椭圆状披针形，先端渐尖或急尖，边缘平滑或具微齿。

习　性　喜潮湿环境，不耐干旱、干燥或寒冷，不适宜在阴暗处生长，需要一定的散射光线，在半阴环境也可以良好生长。

种养 Point

观赏苔藓既可采用营养繁殖，也可在培养基上进行孢子繁殖。一般家庭种养，建议进行营养繁殖，简单有效，常用方法如下。

（1）穴栽法。将观赏苔藓间隔一定距离，5株栽1穴，种植在平整的地面上。

（2）片植法。平整好土地，再将观赏苔藓一片片铺在上面，适当淋水，使观赏苔藓与土表紧密接合。

（3）断茎法。观赏苔藓再生力很强，因此可将其切成小段，均匀地散布在平整的地面上，再在表层撒上细土即可生长。

土　壤　这些苔藓植物喜好偏酸性的土壤，建议采用泥炭土作为酸性基质。

温　度　观赏苔藓生长温度不能低于

22℃。最好能维持在25℃以上，该类植物才会生长良好。

湿　度　观赏苔藓对空气湿度要求很高，它在潮湿的环境中生长繁茂。栽培此类植物，空气相对湿度应控制在80%以上，在家庭种养中须采用一些喷灌或喷雾设备来保证所需空气湿度，以利于其正常生长。

除　草　新买或新引进的观赏苔藓刚栽植时竞争能力较低，应加强除草以防其他高等植物侵入。至观赏苔藓密布基质表面后，杂草就难以侵入了。

应　用　现常栽培于透明玻璃容器中，呈现观赏价值极高的微型苔藓生态景观。

栽培 日历

季节	月份	野外取材	分株	湿度管理	温度控制
春	3				
	4	⛰		喷雾加湿	
	5	⛰	🌱		
夏	6	⛰	🌱		加强通风，适当遮阴，调控温度在25~30℃
	7	⛰	🌱		
	8	⛰	🌱		
秋	9	⛰	🌱		
	10	⛰		环境增湿至空气湿度80%以上，盆土"见干见湿"，无积水	
	11	⛰			利用加温设施使苔藓栽培环境温度至10℃以上
冬	12				
	1				
	2				